浙江省

生态环境标准发展

蓝皮书

（2023年）

BLUE BOOK ON THE DEVELOPMENT OF ECOLOGICAL ENVIRONMENT STANDARDS IN ZHEJIANG PROVINCE（2023）

王浙明　姜　涛　主　编

徐志荣　张　莉　副主编

中国环境出版集团 · 北京

图书在版编目（CIP）数据

浙江省生态环境标准发展蓝皮书. 2023年 / 王浙明，姜涛主编 ；徐志荣，张莉副主编. -- 北京 : 中国环境出版集团，2024. 7. -- ISBN 978-7-5111-5894-9
Ⅰ. X-012
中国国家版本馆CIP数据核字第202439QZ80号

策划编辑 葛 莉
责任编辑 王 洋
封面设计 彭 杉

出版发行 中国环境出版集团
（100062 北京市东城区广渠门内大街 16 号）
网 址：http://www.cesp.com.cn
电子邮箱：bjgl@cesp.com.cn
联系电话：010-67112765（编辑管理部）
发行热线：010-67125803，010-67113405（传真）
印 刷 北京中科印刷有限公司
经 销 各地新华书店
版 次 2024 年 7 月第 1 版
印 次 2024 年 7 月第 1 次印刷
开 本 787×1092 1/16
印 张 7.25
字 数 120 千字
定 价 58.00 元

编委会

THE EDITORIAL BOARD

序

PREFACE

生态环境标准是落实环境保护法律法规的重要手段，是推进精准治污、科学治污、依法治污的重要基础。地方生态环境标准更是表征地方生态环境特征和保护需求，衔接污染物排放控制与生态环境保护目标的重要手段。

浙江是较早开展地方生态环境标准工作的省份之一，2000 年 12 月 15 日，浙江省人民政府批准发布了第一项环境保护标准——《浙江省造纸工业（废纸类）水污染物排放标准》（浙 DHJB 1—2001）。20 多年来，浙江积极响应生态环境保护发展形势和生态文明建设需求，持续加强生态环境标准建设，经历了从无到有、从有到优的发展历程，基本形成了具有浙江实践特点和辨识度的地方标准系列。截至 2023 年 12 月底，累计发布省级生态环境标准 40 项，基本涵盖水、大气、土壤、固体废物、核与辐射等主要环境要素，多项标准走在了全国前列。这些标准与国家生态环境标准一起，在浙江生态省建设实现从环境整治向美丽浙江的历史性跃迁中，发挥了重要的引领、规范和保障作用。

2023 年是全面贯彻党的二十大精神的开局之年，也是“八八战略”实施 20 周年。习近平总书记在全国生态环境保护大会上指出，要健全美丽中国建设保障体系；在浙江考察时强调，浙江要在以科技创新塑造发展新优势上走在前列。坚定不移推动发展方式绿色转型，建立完善绿色低碳循环发展的经济体系。在这新的历史起点上，浙江需要以更高站位、更宽视野、更大力度来谋划和推进生态环境标准工作，持续发挥标准推动发展方式绿色转型的重要作用，助力高水平推进生态文明建设先行示范。

在浙江生态省建设 20 周年的节点上，本书是对 20 多年来浙江生态环境标准工作的系统总结，回溯历程，展现成效，提炼经验，分析形势，展望未来，既是浙江生态环境标准发展的历史性文献，又具有重要的指导价值。

陈宝梁

浙江省生态环境保护标准化技术委员会　主任委员

浙江大学环境与资源学院　院长

2023 年 12 月

目录
CONTENTS

第一章

发展现状

自 1973 年第一项环境保护标准《工业“三废”排放试行标准》（GBJ 4—73）颁布以来，我国生态环境标准建设工作已经历了 50 年的发展。50 年来，我国生态环境标准从无到有，从有到优，随着生态环境保护法律、法规完善和生态文明制度建设不断丰富与发展，形成了包括国家、地方两级，生态环境质量标准、生态环境风险管控标准、污染物排放标准、生态环境监测标准、生态环境基础标准、生态环境管理技术规范六类的“两级六类”生态环境标准体系。截至 2023 年 12 月底，我国已累计发布国家生态环境标准 2 920 项，现行有效标准 2 398 项，全面覆盖了各类环境要素和管理领域。

作为生态环境标准重要组成部分，浙江生态环境标准发展可追溯到 2000 年，第一项环境保护标准《浙江省造纸工业（废纸类）水污染物排放标准》，由浙江省人民政府批准。截至 2023 年 12 月底，浙江已制定发布了省级生态环境标准 40 项，现行有效 31 项，与国家生态环境标准一起在生态文明建设中发挥了重要引领和支撑作用。

1.1　总体情况

1.1.1　浙江生态环境标准情况

地方生态环境标准通常是指生态环境主管部门主导制定（或归口）的地方标准。按照《地方标准管理办法》（国家市场监督管理总局令　第 26 号）可将地方标准分为省级标准和市级标准。为推动农业、美丽乡村建设、基层治理等地域性强的领域建立统一的技术要求，《浙江省标准化条例》规定县级人民政府标准化主管部门可制定地方技术性规范。因此，浙江生态环境标准包括省级标准、市级标准和县级技术性规范。

（1）省级标准情况

自 2000 年以来，浙江发布的各年份省级生态环境标准情况见图 1-1。

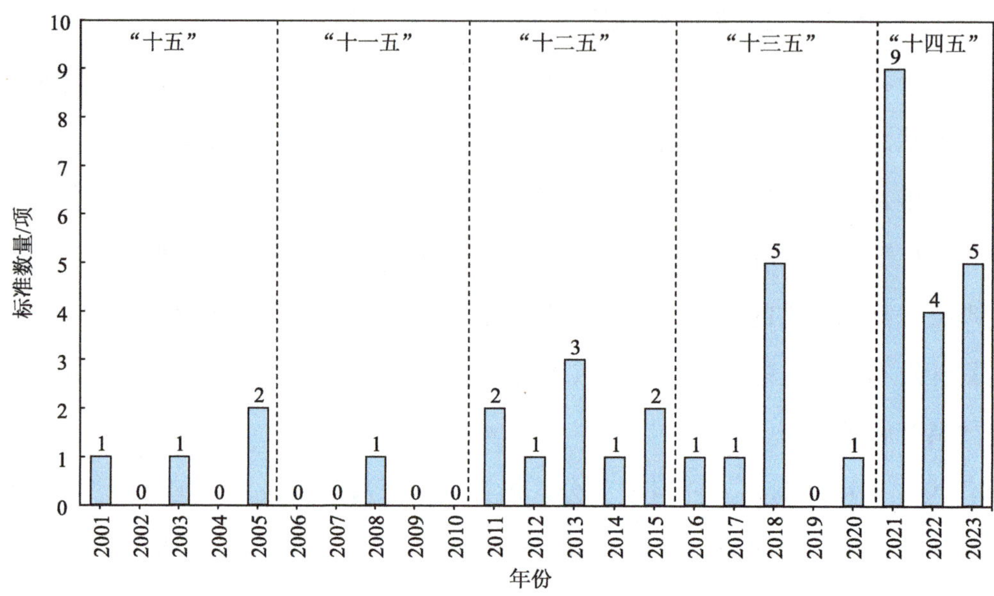

图 1-1　各年份省级生态环境标准发布情况（截至 2023 年 12 月底）

如图 1-1 所示，浙江省级生态环境标准在进入“十二五”时期后，发布数量开始增加，“十四五”时期发布数量进一步提升。截至 2023 年 12 月底，浙江已制定发布省级生态环境标准 40 项（标准清单见附表 1），包括生态环境质量标准 2 项（已废止 2 项）、污染物排放标准 19 项（现行 14 项，已废止 3 项，已修订 2 项）、生态环境管理技术规范 10 项（现行 8 项，已废止 1 项，已修订 1 项）、生态环境监测标准 9 项（均为现行），合计现行有效的标准 31 项。由浙江省市场监督管理局正式立项正在制定的省级地方生态环境标准共有 14 项，详见表 1-1。

表 1-1　正在制定的省级地方生态环境标准情况（截至 2023 年 12 月底）

序号	标准名称	类别	状态
1	锅炉大气污染物排放标准	污染物排放标准	报批
2	海水养殖尾水排放标准	污染物排放标准	送审
3	汽车维修行业大气污染物排放标准	污染物排放标准	送审
4	畜禽养殖业污染物排放标准（修订）	污染物排放标准	送审
5	生物中放射性核素钋-210 监测方法	生态环境监测标准	报批

序号	标准名称	类别	状态
6	固定污染源　废气挥发性有机物监测规范	生态环境监测标准	送审
7	地表水走航监测技术规范	生态环境监测标准	送审
8	危险废物利用处置设施建设技术规范通则	生态环境管理技术规范	报批
9	重型柴油车排放远程监控数据评价要求	生态环境管理技术规范	报批
10	大型赛事活动绿色低碳运营指南	生态环境管理技术规范	送审
11	产品碳足迹评价指南	生态环境管理技术规范	征求
12	建设用地土壤污染风险管控和修复工程环境监理技术规范	生态环境管理技术规范	征求
13	生态资源价值转化实施指南	生态环境管理技术规范	立项
14	产品碳足迹核算指南　纺织和服装	生态环境管理技术规范	征求

综合附表 1 和表 1-1 来看，浙江省级生态环境标准已基本实现碳排放和温室气体、大气、水、海洋、土壤、生态、固体废物、核与辐射等环境要素全覆盖，基本实现工业源、生活源、农业源、移动源等主要领域污染治理全覆盖。

（2）市级标准和县级技术性规范情况

经调查统计①，截至 2023 年 12 月底，浙江各设区市（含县级）共发布 35 项生态环境标准，其中县级技术性规范 12 项（标准清单见附表 2）。各设区市发布的生态环境标准情况见图 1-2。

从已发布的各设区市的生态环境标准数量来看，发布最多的地市依次为湖州、杭州、丽水、嘉兴，相关设区市均围绕地市特色工作开展相关标准化研究。例如，杭州市依据《杭州市大气污染防治规定》（杭州市第十二届人民代表大会常务委员会公告　第 71 号），陆续出台了锅炉、餐饮服务业、固定污染源综合以及重点工业企业挥发性有机物等的推荐性大气污染物排放标准和扬尘排放控制标准；湖州市积极践行“绿水青山就是金山银山”理念，在全国率先出台《绿水青山就是金山银山　价值转化实现路径技术导则》（DB3305/T 196—2021）、《污水零直排区建设与管理规

① 数据来源于浙江标准在线平台（https://bz.zjamr.zj.gov.cn/）、地方标准信息服务平台（https://dbba.sacinfo.org.cn/），以及各设区市生态环境部门。

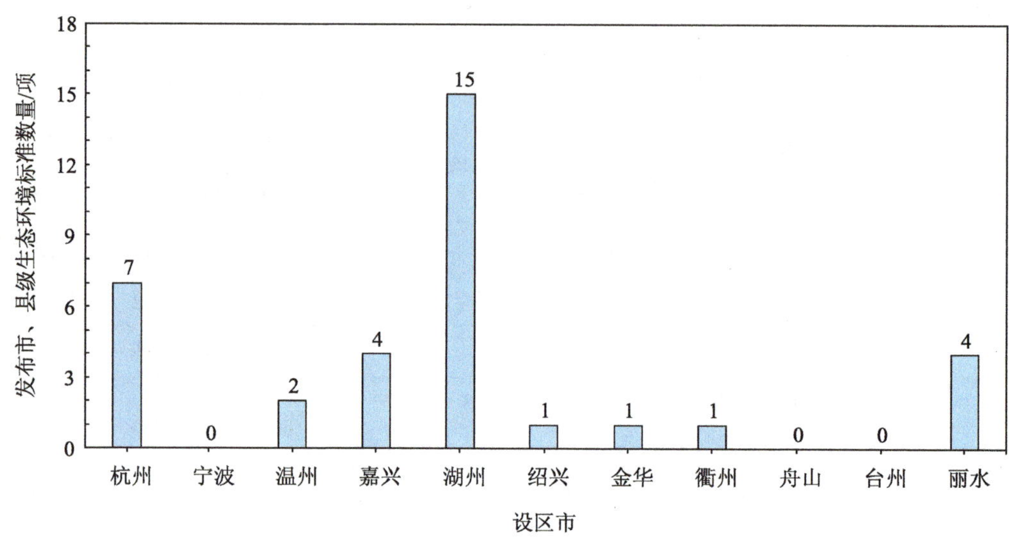

图 1-2　浙江各设区市发布的生态环境标准情况（截至 2023 年 12 月底）

范》（DB3305/T 114—2019）等；衢州市聚焦碳排放核算，发布了《工业企业碳账户碳排放核算与评价指南》（DB3308/T 095—2021）；丽水市围绕打造“生物多样性保护引领区”“环境健康试点”等工作，发布了生态价值转化、生物多样性保护、环境空气质量健康指数等相关地方标准。

此外，各设区市也有部分市级生态环境标准正在制定过程中，详见表 1-2。

表 1-2　各设区市正在制定的生态环境标准情况（截至 2023 年 12 月底）

序号	设区市	标准名称	要素/领域
1	杭州	清洁生产标准　汽修行业	环境管理
2		河湖岸线调查技术指南	水环境
3	宁波	第三方环保管家服务规范	环境管理
4	温州	小微危险废物收贮运服务规范	固体废物
5	嘉兴	企业污染防治设备工况自动监控系统技术规范	大气环境
6	丽水	基于项目的碳减排量核算方法指南　竹原料替代	碳排放
7		基于项目的碳减排量核算方法指南　稻鱼共生综合种养	

1.1.2　生态环境领域相关的地方标准情况

除生态环境主管部门主导制定的生态环境标准外，农业农村、建设等行业主管部门积极落实生态环境保护相关法律法规要求，开展与生态环境保护密切相关的地方标准制定，积极践行“管行业必须管环保”。

经调查统计[①]，截至 2023 年 12 月底，有关部门共发布与生态环境保护领域密切相关地方标准 142 项，其中省级标准共 62 项，市级标准和县级技术性规范共 80 项（见附表 3），主要来源于建设、农业农村、自然资源、发改、交通等部门。相关地方标准涵盖技术规范、管理规范、监测方法等多种类型，从生活源、农业源、船舶移动源等领域强化对环境治理的支撑，积极推动了生态保护、生态修复以及生物多样性保护工作，积极探索了碳排放、清洁生产等领域的地方标准制定。

1.1.3　团体标准情况

2017 年修订的《中华人民共和国标准化法》明确鼓励社会团体制定满足市场和创新需要的团体标准。浙江省内相关社会团体积极制定生态环境领域的团体标准。经在全省范围内调查统计，截至 2023 年 6 月底，浙江省环保产业协会、浙江省生态与环境修复技术协会、浙江省辐射防护协会等相关团体已发布生态环境领域的团体标准（不含产品标准）共 40 项，通过增加标准供给提升了行业自我约束，充分发挥了行业协会的引领作用。

1.2　发展历程

鉴于省级生态环境标准影响面广，且污染物排放标准为强制性标准，以此为切

① 数据来源于浙江标准在线平台（https://bz.zjamr.zj.gov.cn/）、地方标准信息服务平台（https://dbba.sacinfo.org.cn/）。

入点，结合浙江污染治理、环境质量改善及地方生态环境标准工作重大事件，可将浙江生态环境标准发展历程分为三个主要阶段，分别为积极探索阶段、重点突破阶段和拓展提升阶段（图 1-3）。

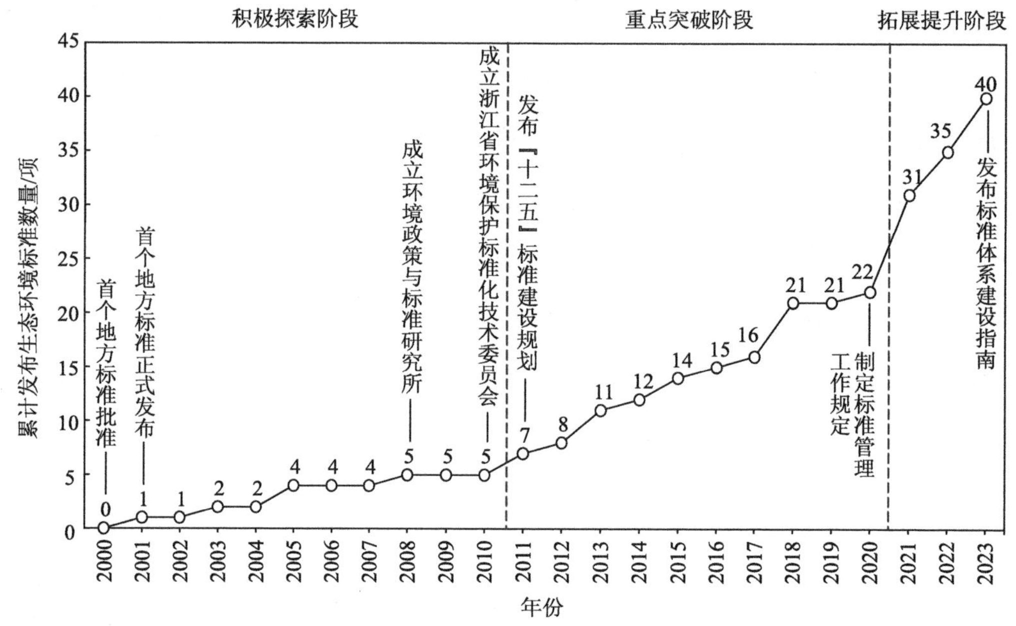

图 1-3　浙江生态环境标准发展历程

如图 1-3 所示，积极探索阶段（2000—2010 年），以成立浙江省环境保护标准化技术委员会（现为浙江省生态环境保护标准化技术委员会，简称省环标委）为标志性事件，该阶段重点解决地方生态环境标准管理技术支撑问题；重点突破阶段（2011—2020 年），以发布《浙江省生态环境厅地方标准管理工作规定》为标志性事件，该阶段重点针对环境污染防治和攻坚，出台了一系列排放标准；拓展提升阶段（2021 年至今），该阶段浙江生态环境标准类型、环境要素逐渐多样化，同时也走向了长江三角洲区域一体化。

1.2.1 积极探索阶段（2000—2010 年）

21 世纪初，浙江经济总量已位居全国前列，人民生活总体上达到了小康水平。经济飞速增长造成浙江的水污染、大气污染和农业面源污染问题较为突出，不蓝的天、不清的水、不绿的山随处可见。由此带来了人民日益增长的生态环境质量需求与不尽如人意的生态环境供给之间的矛盾，环境投诉呈上升趋势。在此背景下，浙江开启了环境保护标准工作的探索。

1999 年，国家环境保护总局发布了《关于加强地方环境标准管理工作的通知》（环发〔1999〕114 号）和《环境标准管理办法》（国家环境保护总局令 第 3 号），明确了国家环境标准只对全国一般性的环境指标作出规定，具有地方特点的环境指标由地方标准规定，并对地方环境标准的管理提出了具体要求。在前期研究的基础上，2001 年浙江省制定发布了《浙江省造纸工业（废纸类）水污染物排放标准》（浙 DHJB 1—2001），标志着浙江省的环境保护标准工作正式起步。为积极配合推进“八八战略”、生态省建设、“千村示范、万村整治”工程、第一轮“811”环境污染整治行动（“8”指全省八大水系及运河、平原河网，“11”既指 11 个设区市，也指 11 个省级环境保护重点监管区），浙江省先后发布了《蚕桑区桑叶氟化物含量控制标准》（DB33/ 392—2003）、《浙江省农产品产地环境质量安全标准》（DB33/T 558—2005）、《畜禽养殖业污染物排放标准》（DB33/ 593—2005）等地方标准，积极探索地方生态环境标准以支撑解决突出生态环境问题。

2006 年，习近平同志对标准化工作作出重要批示：“加强标准化工作，实施标准化战略，是一项重要和紧迫的任务，对经济社会发展具有长远的意义。要加强领导，提高认识，积极推进，取得实效。”2007 年，浙江省人民政府出台了《关于加强标准化工作的若干意见》（浙政发〔2007〕58 号），要求着力创新标准化工作机制，全面加强农业、先进制造业、现代服务业和社会公共领域标准化工作；环境保护作为社会公共领域重要组成部分，要加快研制一批涉及资源节约、环境保护等领域的地方标准，完善社会公共领域标准体系。

专栏 1-1　浙江省造纸工业（废纸类）水污染物排放标准

《浙江省造纸工业（废纸类）水污染物排放标准》（浙 DHJB 1—2001）于 2001 年 1 月 21 日发布，2001 年 3 月 1 日实施。该标准依据浙江省水污染物排放总量控制要求以及造纸工业（废纸类）现有成熟的清洁生产工艺和水污染治理技术为依托，以控制造纸工业（废纸类）水污染物排放负荷为基点，分两个时间段规定了不同生产规模的浙江省造纸工业（废纸类）吨纸产品日均最高允许排水量、日均最高允许水污染物排放浓度和吨纸产品最高允许水污染物排放量，与《造纸工业水污染物排放标准》（GWPB 2—1999）相比，主要在（废纸类）指标值中化学需氧量（COD_{Cr}）、生化需氧量（BOD_5）、悬浮物（SS）和排水量指标值有所加严。2008 年，国家修订发布了《制浆造纸工业水污染物排放标准》（GB 3544—2008），规定现有企业从 2011 年 7 月开始执行，经实施评估后浙江废止了该地方标准。

2008 年，浙江省环境保护局专门成立了环境保护标准工作领导小组及办公室，并组织开展了“浙江省环境保护制度体系建设研究”和浙江省环境保护标准工作的调研；率先在省级层面成立专门的地方环境保护标准化研究机构，即在浙江省环境保护科学设计研究院（现为浙江省生态环境科学设计研究院，简称浙江省环科院）成立了环境政策与标准研究所，专职从事环境保护标准制定研究。同年，浙江发布了首项移动源排放标准《在用点燃式发动机轻型汽车简易瞬态工况法排气污染物排放限值》（DB33/ 660—2008），并率先启动地方环境保护标准建设规划研究，对“十二五”时期浙江地方环境保护标准建设开展了系统性的谋划。

在浙江省质量技术监督局支持下，2009年浙江启动了浙江省环境保护标准化技术委员会的筹建工作，具体由秘书处承担单位浙江省环科院负责。2010年4月，省环标委正式获批，6月召开了成立大会（图1-4）。省环标委的成立为浙江环境保护标准化工作提供了一个标准制修订技术管理、标准咨询、学术研讨交流的平台，促进了环境标准管理科学化、规范化，对浙江进一步提升环境保护标准化工作水平，充分发挥标准在环境保护中的引领、规范和保障作用有着十分重要的意义。

专栏 1-2 在用点燃式发动机轻型汽车简易瞬态工况法排气污染物排放限值

《在用点燃式发动机轻型汽车简易瞬态工况法排气污染物排放限值》（DB33/ 660—2008）于 2008 年 5 月 9 日发布，2008 年 6 月 9 日实施。该标准规定了在用点燃式发动机轻型汽车简易瞬态工况法排气污染物排放限值，其中第 4 章为强制性条款。该标准于 2016 年进行了修订，对适用范围进行了调整并加严了污染物排放限值。2018 年，国家发布了《汽油车污染物排放限值及测量方法（双怠速法及简易工况法）》（GB 18285—2018）和《柴油车污染物排放限值及测量方法（自由加速法及加载减速法）》（GB 3847—2018）后，浙江废止了该地方标准。

图 1-4 浙江省环境保护标准化技术委员会成立大会

1.2.2 重点突破阶段（2011—2020 年）

经历两轮“811”行动后，浙江更加注重生态环境质量全面改善以及生态文明建设惠及民生，启动了第三轮“811”生态文明建设推进行动和第四轮“811”美丽浙江建设行动。第三轮“811”行动全面推进铅蓄电池、电镀、印染、造纸、制革、化工六大重污染行业的整治提升工作；第四轮“811”行动突出建设美丽浙江、创造美好生活“两美”理念，针对污染防治重点领域和关键环节创新推出了“五水共治”、“清洁空气”行动、“清洁土壤”行动、“无废城市”建设等系列组合拳，加快了环境污染防治攻坚，加快实现生态环境质量全面改善和助力美丽浙江建设。生态环境标准在工作推进中发挥了引领、规范和保障作用，也为“浙江经验”的输出提供了途径。

（1）标准建设规划先行

这一阶段，浙江率先发布《浙江省环境保护地方标准建设“十二五”规划》（浙环函〔2011〕478 号）和《关于落实“十三五”地方环保标准项目计划工作的函》（浙环便函〔2016〕222 号），进一步加强地方生态环境标准体系谋划，加快重点行业污染物排放标准制修订，着重解决重污染行业污染物排放标准供给不足的问题，以巩固好各类污染防治攻坚成果，支撑好生态环境质量全面改善。

专栏 1-3 浙江省环境保护地方标准建设“十二五”规划

《浙江省环境保护地方标准建设“十二五”规划》（浙环函〔2011〕478 号）的发布，主要针对当时地方环境保护标准发展面临的主要问题：制定数量和质量上，还不能满足用于不断提升浙江省环境管理水平和改善环境质量的需要；未能充分发挥出标准在促进经济转型升级和生态文明建设中的重要作用；标准实施方面，还存在有标准不依、执行标准不严、错位等情况，影响了标准实施效果的发挥等情况。

结合主要污染物减排、产业结构转型升级、环境风险防范、环境管理标准化和规范化、生态文明建设等方面的新要求，规划提出到2015年，累计开展研究、制修订30项左右地方环境保护标准，主持和参与的国家环境保护标准制修订及研究项目数量得到明显提高，初步建立起以污染物排放（控制）标准为主体、环境质量标准和环境保护管理规范类标准相配套，地方环境保护标准为补充的具有浙江地方特色的环境保护标准体系框架，基本形成科学、有序、规范、有效的环境保护标准工作机制，环境保护标准工作整体水平得到明显提升，对浙江省环境管理和环境保护优化经济增长的支撑作用明显增强。明确了加快地方污染物排放标准制修订、积极开展地方环境保护质量标准研究、加强管理规范类地方环境保护标准建设、积极参与国家环境保护标准的制修订与加强标准宣贯实施和后评估工作等5项主要任务以及32项标准研究及制修订重点项目。

（2）标准制定有序推进

这一阶段，浙江注重生态环境质量全面改善，聚焦水、大气、土壤等领域污染防治攻坚重点。为此，浙江生态环境标准以强制性标准为主，推荐性标准为辅，累计发布地方生态环境标准17项，涵盖水、大气、土壤和固体废物等环境要素，其中强制性标准12项，推荐性标准5项。率先出台了纺织染整、化学合成类制药、电镀等一批具有地方行业特色的水和大气污染物排放标准，多项标准被《中国环境报》进行了专题报道。同时，浙江省强化了国家污染物排放标准实施要求，分别发布了《关于钱塘江流域执行国家排放标准水污染物特别排放限值的通知》（已废止）和《关于执行国家排放标准大气污染物特别排放限值的通告》等2项实施特别排放限值的通告，为浙江省的生态环境保护工作、环境质量改善和巩固提供了强有力的技术支撑和法治保障。具体体现如下：

一是支撑水污染防治工作。重点围绕工业源和生活源开展地方生态环境标准研制。其中，工业源方面，针对《污水综合排放标准》（GB 8978—1996）中三级标准（间接排放）缺少氨氮、总磷监管要求的情况，起草制定了浙江首项综合型污染物排放标准——《工业企业废水氮、磷污染物间接排放限值》（DB33/ 887—2013）；针对酸洗、电镀等特色表面行业制定污染物排放标准。生活源方面，围绕农村和城镇生活污水，分别制定水污染物排放标准；率先出台农村生活污水处理技术规范，补齐农村生活污水治理技术短板。主动对接“污水零直排区”建设工作，探索“污水零直排区”地方标准，形成“源—网—厂—口”全链条“治水”管理规范。

专栏 1-4 农村和城镇生活污水治理标准体系

2003 年，习近平同志亲自谋划、亲自部署、亲自推动“千村示范、万村整治”工程，通过实施“万里清水河道”工程和“千万农民饮用水”工程，解决了农村河道污染、饮水困难问题。2009 年，以饮用水源保护、工农业污染防治、村庄环境综合整治为重点，解决农村地区突出的环境污染问题，农村生活污水治理就亟待规范，浙江启动了农村生活污水治理技术规范制定研究，于 2012 年发布了《农村生活污水处理技术规范》（DB33/T 868—2012）。该项标准是地方生态环境标准中首项环境管理技术规范。

2013 年，浙江作出实施“五水共治”战略部署，全面推进农村生活污水治理工作，农村生活污水治理设施大量兴建，但缺少针对性的水污染物排放标准。为此，浙江启动了农村生活污水排放标准研究，于 2015 年发布了《农村生活污水处理设施水污染物排放标准》（DB33/ 973—2015）。该标准基于浙江农村生活污水处理实际情况，合理设置污染物指标项目和排放限值，有效解决了农村生活污水处理设施排放标准缺失的问题。

2017 年，在基本完成城镇污水处理厂一级 A 提升改造的基础上，为全面完成剿灭劣Ⅴ类水任务，各地积极探索试点提高污水处理厂排放要求，金华市、台州市和杭州市淳安县等均先行提出了更严格的排放要求。在多地先行先试的基础上，2018 年浙江探索建立城镇污水处理厂污水排放“浙江标准”，即《城镇污水处理厂主要水污染物排放标准》（DB33/ 2169—2018）。该标准是全国首个省级层面全域实施的城镇污水处理厂排放标准，制定时充分考虑浙江现有城镇污水处理厂提标改造存在的用地困难等问题，进一步明晰了现有城镇污水处理厂的定义，并对其实施时间进行差异化规定；国家水专项“太湖流域浙江片‘五水共治’长效管理机制创新与水环境治理技术集成推广应用”独立课题也为标准制定提供了技术支撑。标准实施后，为浙江省城镇污水处理厂清洁排放技术改造提供依据，并倒逼提升污水防治前端治理和污泥处置能力，促进全省污水治理技术进步。

二是支撑大气污染防治工作。聚焦空气质量改善，重点围绕颗粒物（PM）、二氧化硫（SO_2）、氮氧化物（NO_x）的超低排放和重点行业挥发性有机物（VOCs）治理。有序推进了生物制药、化学合成类制药、纺织染整、制鞋、工业涂装等涉 VOCs 污染物排放标准和燃煤电厂大气污染物排放标准，并启动了化学纤维、水泥等大气污染物排放标准制定。其中，纺织染整、化学合成类制药均为全国首个地方行业型污染物排放标准；工业涂装则为浙江首项通用型污染物排放标准，包含家具、汽车、金属制品、设备制造等所有涉及涂装工序的企业。上述标准有力地推动了浙江 VOCs 和 NO_x 协同治理，强化了细颗粒物（$PM_{2.5}$）和臭氧（O_3）双控双减，全面助力了空气质量改善和巩固。

专栏 1-5 燃煤电厂大气污染物排放标准

2013 年，浙江率先实施了《环境空气质量标准》（GB 3095—2012），启动了大气污染防治行动计划。聚焦燃煤电厂污染，在全国率先提出燃煤超低排放概念并全面部署实施，并专门出台了《浙江省 2014—2017 年大型燃煤机组清洁排放实施计划》等文件，要求全部 30 万 kW 及以上煤电机组和 141 家燃煤热电企业在 2017 年前全面完成超低排放和节能改造。在推进超低排放改造的同时，浙江启动了超低排放技术标准体系研究，于 2018 年先后发布《燃煤电厂大气污染物排放标准》（DB33/ 2147—2018）和《燃煤电厂固定污染源废气低浓度排放监测技术规范》（DB33/T 2167—2018）。其中，《燃煤电厂大气污染物排放标准》（DB33/ 2147—2018）是地方生态环境标准中首项固定燃烧源大气污染物排放标准，实施后不仅有效降低了燃煤电厂的大气污染，改善了浙江省空气环境质量，也为科技创新成果的标准转化提供了浙江案例。该标准已入选首批 100 项“浙江标准”。《燃煤电厂固定污染源废气低浓度排放监测技术规范》（DB33/T 2167—2018）为 DB33/ 2147—2018 的配套标准，是地方生态环境标准中首项监测技术规范，解决了超低排放改造后污染物的监测需求。

三是支撑土壤污染和固体废物污染防治工作。浙江的土壤污染和固体废物污染防治工作一直走在全国前列，2011 年出台了《浙江省清洁土壤行动方案》（浙政发〔2011〕55 号），率先在全国开展“清洁土壤”行动。陆续发布污泥土地利用、污染场地风险评估、污染地块治理修复工程效果评估等技术规范、导则。其中，《污染场地风险评估技术导则》（DB33/T 892—2013），填补了当时我国在污染地块风险评估技术标准领域的空白。2018 年，“无废城市”建设启动后，浙江省就率先开展全域“无废城市”建设，并积极推进“无废城市”的标准化工作。

专栏 1-6　污染场地治理标准体系

浙江是全国最早发布和实施城乡一体化纲要的省份，城镇建设用地的变更和使用十分频繁，城镇工业企业地块退役后带来的土壤和地下水污染防治问题一直是浙江土壤污染防治工作的重点。杭州率先明确工业企业退役地块用途变更为储备土地的，要实行土壤污染评价制度，为全省提供了经验启示，浙江启动了污染场地风险评估、污染地块治理修复工程效果评估等研究，先后发布《污染场地风险评估技术导则》（DB33/T 892—2013）和《污染地块治理修复工程效果评估技术规范》（DB33/T 2128—2018），探索形成了污染地块风险管控和修复机制，为后续的建设用地土壤污染风险管控和修复“一件事”改革奠定基础。

其中，《污染场地风险评估技术导则》（DB33/T 892—2013）由浙江省质量技术监督局于 2013 年 5 月 17 日发布，并于 2013 年 6 月 17 日实施。该标准首次提供了建设用地土壤风险评估的筛选值，是浙江省污染地块评级和管理的重要评判标准。该标准先于《污染场地风险评估技术导则》（HJ 25.3—2014）行业标准发布，经历了省内大量退役场地环境调查和污染场地风险筛查的实证应用，为《土壤环境质量 建设用地土壤污染风险管控标准（试行）》（GB 36600—2018）的制定提供了重要参考。《污染地块治理修复工程效果评估技术规范》（DB33/T 2128—2018）由浙江省质量技术监督局于 2018 年 7 月 17 日发布，于 2018 年 8 月 17 日实施，该标准规定了污染地块治理修复工程效果评估的内容、程序、方法和技术要求。

随着地方生态环境标准数量的增加，在该阶段浙江也积极探索地方生态环境标准体系构建，在燃煤电厂超低排放、特色行业 VOCs 治理、农村生活污水治理、污染地块治理等部分领域形成了框架体系。

（3）管理工作不断规范

浙江不断完善地方标准管理工作，积极推进了标准实施、评估及宣贯工作，对废纸造纸、酸洗、纺织染整、农村生活污水、工业氮磷间接排放等多项地方污染物排放标准以及《合成革与人造革工业污染物排放标准》（GB 21902—2008）开展了实施评估，提出相关标准制修订的意见和建议。按照《浙江省重大行政决策程序规定》（浙江省人民政府令　第 337 号），以及《浙江省质量技术监督局重大行政决策程序规定》（浙质法发〔2018〕63 号）中第三条“涉及环保、节能、安全等重要地方标准的制定、修订、废止”以及第九条“决策方案中有关问题存在重大意见分歧或者涉及利益关系重大调整，需要进行听证的，应当召开听证会”等相关要求，积极落实强制性标准立项听证工作。

2018 年，随着机构改革的完成，生态环境标准在定位上进一步明确。浙江省生态环境厅政策法规处（简称法规处）承担浙江生态环境标准的管理工作，进一步强化了地方生态环境标准管理的法治化要求，并及时组织省环标委开展地方标准管理工作梳理，在理顺现有管理工作的基础上，根据《环境标准管理办法》、浙江省人民政府发布的《浙江省地方标准管理办法》（浙江省人民政府令　第 273 号）等相关要求，制定了《浙江省生态环境厅地方标准管理工作规定》，并于 2020 年 9 月发布实施，规定了地方标准管理内容和工作类型、职责分工、具体工作程序等，首次明确并规范了浙江生态环境标准管理工作要求。标准管理包括制修订、复审、实施评估等工作，具体工作程序包括制修订（涵盖前期研究阶段、立项阶段、意见征求阶段、审评阶段、报批阶段、发布和备案阶段）、复审和实施评估，具体地方生态环境标准管理工作流程见图 1-5。

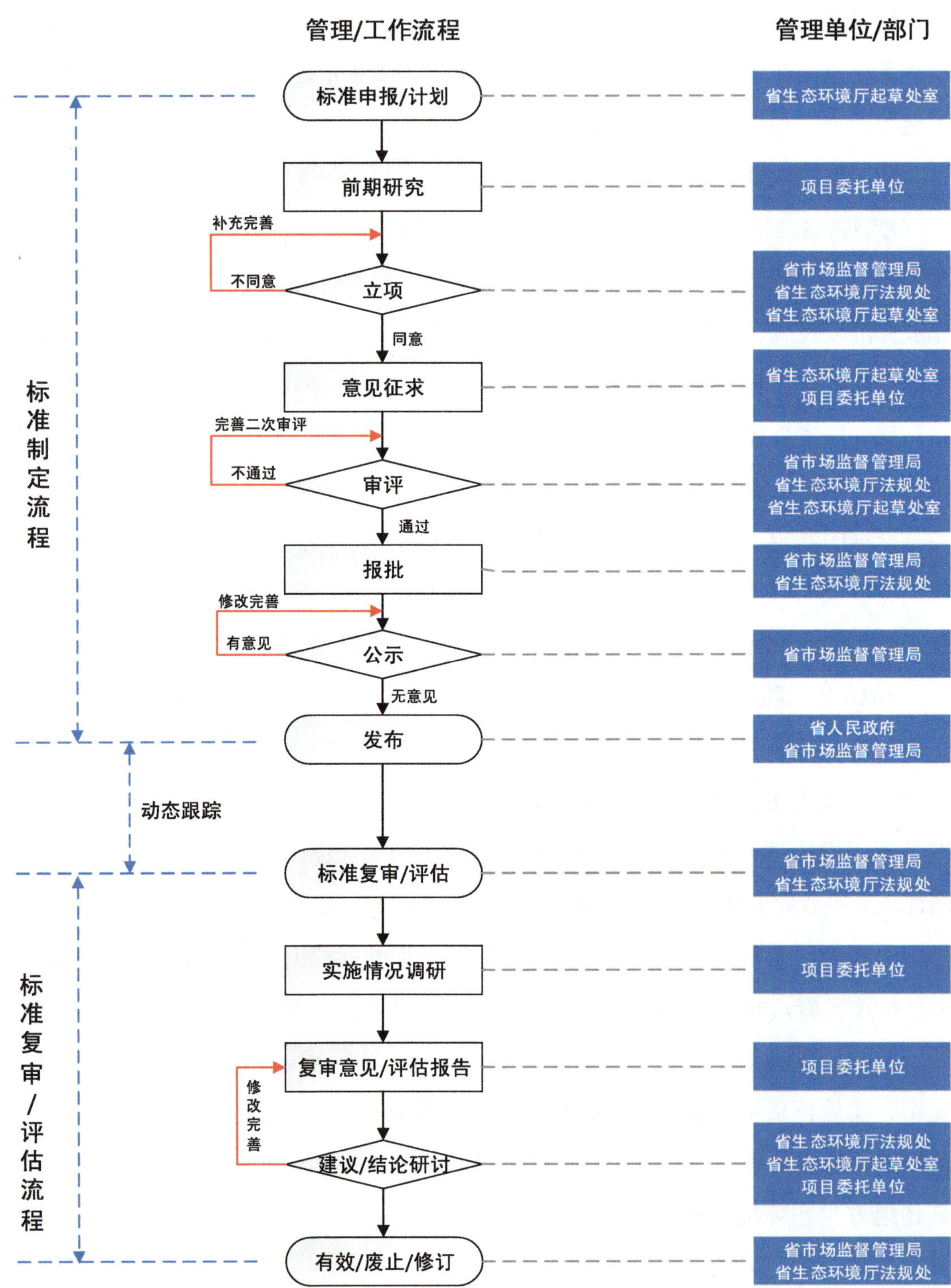

图 1-5　浙江地方生态环境标准管理工作流程（2020 年版）

（4）区域协作不断加强

这一时期伴随长三角区域交流合作的不断加强，区域环境保护合作协议快速落地与实施，浙江省率先开展了地方环境保护标准与长三角区域省（市）的对标工作。2011 年，浙江启动了生物制药行业污染物排放标准对标工作，对照上海《生物制药行业污染物排放标准》（DB31/ 373—2006），于 2014 年发布了严格程度相当的《生物制药工业污染物排放标准》（DB33/ 923—2014），积极践行长三角区域环境保护合作。随着长江三角洲区域一体化发展上升为国家战略，《长江三角洲区域一体化发展规划纲要》更是提出了“加强排放标准、产品标准、环保规范和执法规范对接，联合发布统一的区域环境治理政策法规及标准规范”的要求，浙江更加主动地参与长三角生态环境标准一体化工作，定期开展会商（图 1-6），积极贡献浙江生态环境标准管理经验。

图 1-6　2019 年长三角生态环境标准一体化工作研讨会

1.2.3 拓展提升阶段（2021 年至今）

浙江省第十五次党代会率先提出，高水平推进人与自然和谐共生的现代化，打造生态文明高地的目标。浙江省第十四届人大常委会通过《关于坚定不移深入实施“八八战略”高水平推进生态文明建设先行示范的决定》，提出了“五个先行示范”，其中明确要推动生态环境全域提升先行示范，要坚持精准治污、科学治污、依法治污，高标准打好蓝天碧水净土保卫战和新要素新领域污染治理防御战，强化源头严控和过程严管，注重多污染物协同治理和区域联防联控；要全方位开展生物多样性友好行动，打造生物多样性保护和可持续利用实践范例；要加快生态环境保护数字化转型，建立健全大数据监管和辅助决策长效机制，实现整体智治，推动生态环境质量全域提升。这也对地方生态环境标准提出了更高的要求。同时，长三角区域生态环境联保共治和生态环境标准一体化也在加快推进。为适应新形势生态环境工作的需求，浙江生态环境标准步入了新阶段。

（1）标准领域不断拓展丰富

加快了辐射、应急和监测方法标准制定，出台《电磁辐射环境自动监测技术规范》（DB33/T 2553—2022）、《道路突发事故液态污染物应急收集系统技术规范》（DB33/T 2567—2023）等地方标准。完成了农村生活污水、制药等排放标准实施评估工作后的地方标准修订，发布全国首个化学纤维大气污染物排放标准。加大了浙江生态环境管理经验的标准化转化，率先出台环境保护设施公众开放导则和城镇“污水零直排区”建设技术规范（系列标准），且均被《中国环境报》专题报道。根据重金属防控的管理需求，印发了《关于在杭州市富阳区执行重点重金属污染物特别排放限值的通告》（浙环发〔2023〕3 号）。积极、主动融入长三角生态环境标准一体化工作，充分发挥浙江标准制修订经验。参与 VOCs 走航、固定污染源废气现场监测、VOCs 光离子化传感器网格化监测、固定污染源废气氯气的测定等 8 项一体化或示范区地方标准，牵头制定了重型柴油车排放远程监控数据评价要求。

专栏 1-7 “污水零直排区”建设系列标准

为高水平推进“五水共治”，有效解决“反复治、治反复”问题，2018 年浙江率先开展城镇“污水零直排区”建设，其核心是雨污分流、截污纳管、长效运维，做到雨水排水口“晴天不排水，雨天无污水”。作为浙江深化治水工作的创新之举，经过前期试点探索和全域推进，积累了大量的实践经验；并同步推进了标准化工作。2022 年，浙江正式发布了《城镇“污水零直排区”建设技术规范》（DB33/T 2450—2022）系列标准，是全国首个“污水零直排区”标准，由浙江省市场监督管理局于 2022 年 2 月 20 日发布，并于 2022 年 3 月 22 日实施。

该标准是浙江生态环境领域首项系列标准，由 5 部分组成，包括第 1 部分“总则”、第 2 部分“排查”、第 3 部分“设计与施工”、第 4 部分“评估与验收”和第 5 部分“运行维护”。该标准的制定实施，不仅提升了城镇“污水零直排区”全面排查、规划设计、施工建设、评估验收、运行维护等环节的规范化，保障城镇“污水零直排区”建设质量，发挥城镇“污水零直排区”建设成效，而且是对“五水共治”治水经验的标准化凝练和总结，有利于浙江治理经验的广泛推广。

（2）标准管理不断健全完善

随着《浙江省标准化条例》《浙江省生态环境保护条例》《生态环境标准管理办法》等实施，对地方生态环境标准定位、制定与实施等要求进行了调整与优化，相关要求见表 1-3。为此，启动了《浙江省生态环境厅地方标准管理工作规定》的修订，并于 2022 年 8 月发布了《浙江省生态环境厅地方生态环境标准管理工作规定》，进一步完善了浙江地方生态环境标准工作流程（图 1-7），突出强化了标准体系建设，细化了标准制修订流程和职责分工，明确了发布强制性地方标准后应当同步出台标准实施方案和释义；更加注重标准实施及评估工作，要求强制性标准应当定期开展实施情况评估。

表 1-3　省级条例对地方生态环境标准的相关规定

名称	内容要求
浙江省生态环境保护条例	第十五条　省人民政府应当根据生态环境保护需要，依法制定地方环境质量标准、污染物排放标准和生态环境风险管控标准。制定、修订有关地方环境质量标准、污染物排放标准和生态环境风险管控标准，应当广泛听取各方面意见，设置合理过渡期。 省生态环境主管部门应当根据生态环境保护需要，及时研究提出、组织起草地方环境质量标准、污染物排放标准和生态环境风险管控标准。 第二十一条　有关污染物排放自动监测设备没有国家标准或者行业标准的，省生态环境主管部门应当会同省标准化主管部门制定相应地方标准。 第三十条　省人民政府应当与周边省、直辖市建立生态环境保护协作机制，推动构建长江三角洲区域一体化的生态环境监测网络、生态环境信息网络和生态环境应急预警体系，推动建立统一的生态环境标准和跨区域的排污权交易制度、生态保护补偿机制、生态环境保护联合执法机制，联合开展污染治理，推进区域环境污染协同防治
浙江省标准化条例	第十五条　涉及人身健康和生命财产安全、生态环境安全的地方标准，存在重大意见分歧或者涉及利益关系重大调整，需要进行听证的，省、设区的市标准化主管部门应当召开听证会，听取有关行政机关、社会团体、企业事业单位、消费者代表、人大代表、政协委员等社会各方面的意见。 第十七条　地方标准送审文本通过技术审查的，提出立项申请的主管部门应当根据技术审查、听证情况对送审文本组织修改，形成报批文本，报同级标准化主管部门。标准化主管部门应当将报批文本向社会公示七日，并根据技术审查、听证和公示情况，对报批文本进行审核。对审核通过的，应当予以批准并统一编号、发布；不予批准的，应当书面说明理由。 法律、行政法规和国务院决定规定应当由省人民政府制定的地方标准，由省标准化主管部门审核通过后报省人民政府批准发布。 第二十六条　省、设区的市标准化主管部门应当自地方标准发布之日起二十日内，免费向社会公开地方标准文本；发布重要地方标准的，提出立项申请的主管部门应当同步出台标准实施方案和释义

管理/工作流程
管理单位/部门
标准计划
业务处室
前期研究
项目委托单位
（起草单位）
确有必要
再次申报
补充完善
不
通
过
审核
立项申报
业务处室（必要性等）
法规处（材料完整性等）
省环标委（技术性）
通过
报省市场监管局
同意
分管厅领导
终止
不通过
立项评估
省市场监督管理局
通过
意见征求（30日）
二次征求（15日）
业务处室
起草单位
补充完善
审核意见
送审材料
业务处室（内容/反馈意见等）
法规处（程序/公平竞争等）
省环标委（技术性）
通过
报省市场监管局
同意
分管厅领导
完善后再
组织
终止
不通过
技术审评
省市场监督管理局
通过
强制性标准或
重大意见分歧
听证会
省市场监督管理局
修改完善
报批材料
强制性标准或
重要推荐性标准
通过
厅长办公会审议
（业务处室）
其他推荐性标准
同意
分管厅领导
报省市场监管局
法规处
修改完善
业务处室
起草单位
有意见
公示（7日）
省市场监督管理局
无意见
发布
省人民政府或
省市场监督管理局
标
准
制
定
流
程

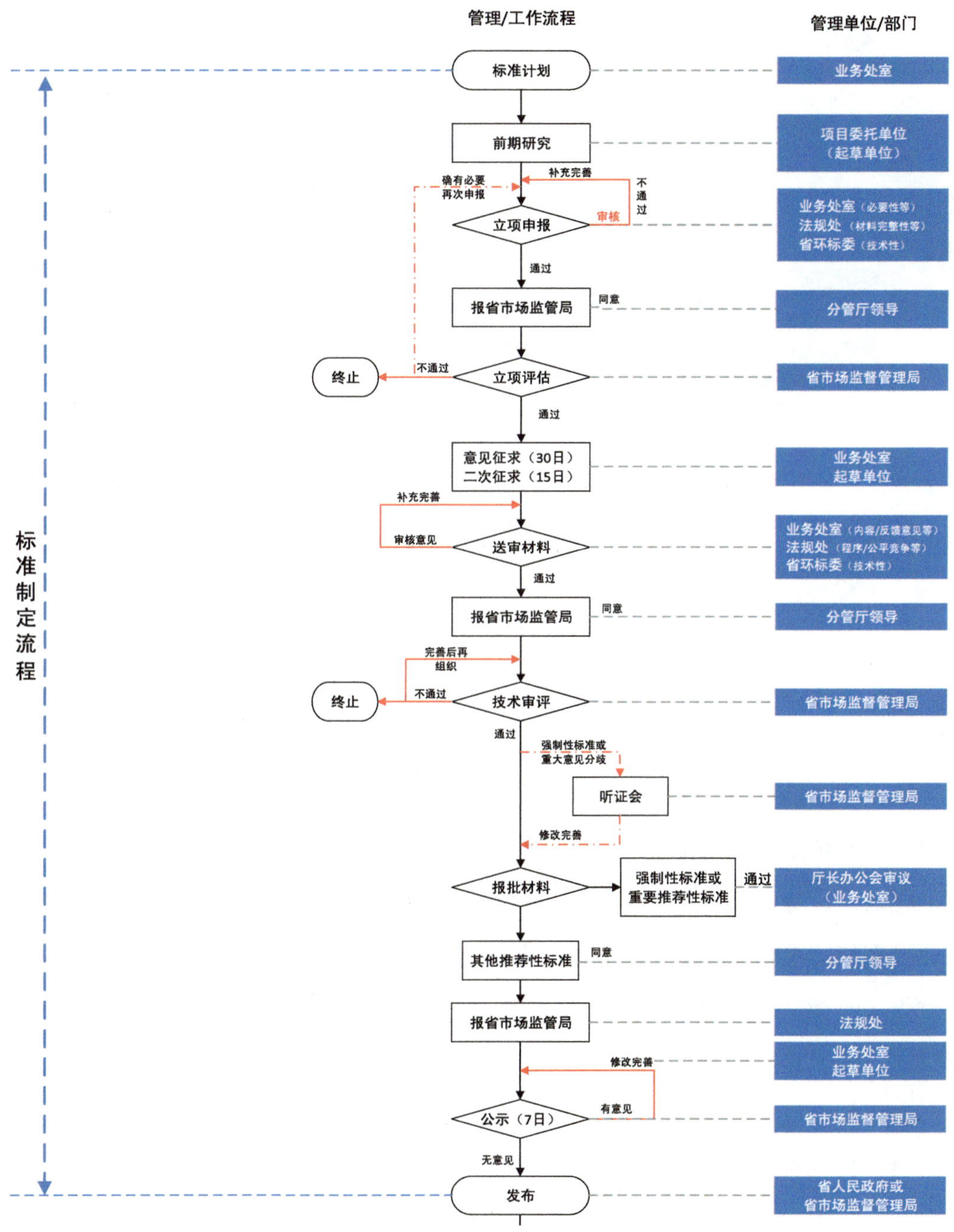

（接下页）

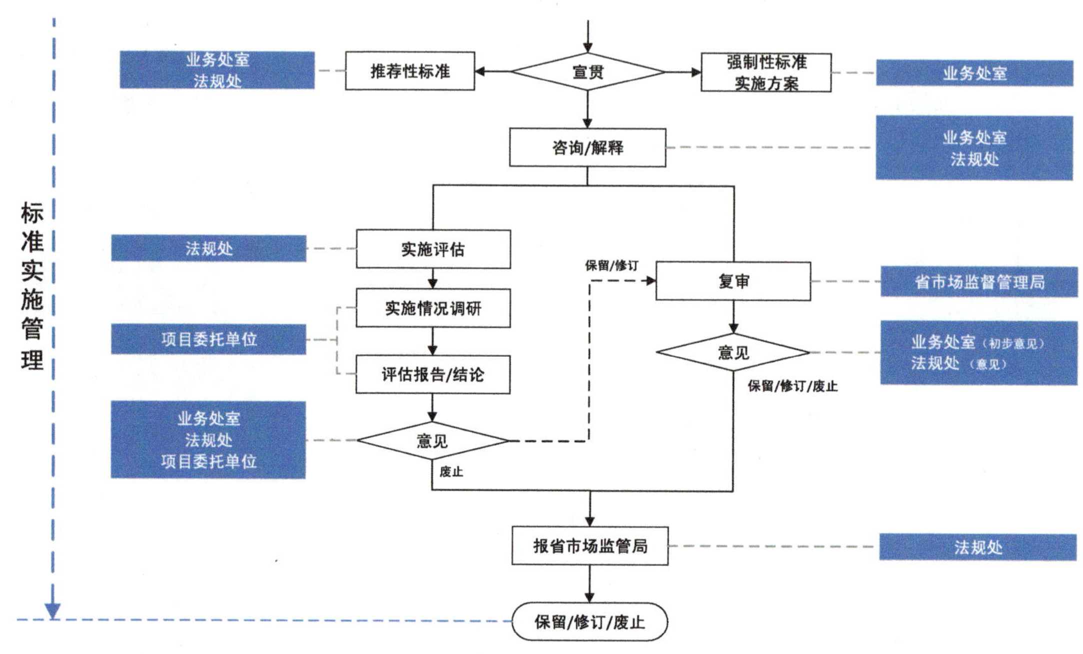

图 1-7　浙江地方生态环境标准工作流程（2022 年版）

（3）标准工作探索创新示范

浙江省生态环境厅组织浙江省环科院等直属事业单位申报省级标准化试点，获批《浙江省全域“无废城市”建设省级标准化试点》《挥发性有机污染物治理省级标准化试点》等 2 项省级标准化试点。借鉴省级标准化试点模式，积极探索推进生态环境系统标准化试点工作，于 2021 年正式发文确定了首批竹林固碳经营技术标准化试点、小微危废收运体系标准化试点、企业污染防治设备工况自动监控系统标准化试点、“无废工厂”建设标准化试点、固废行业环境污染责任保险标准化试点、包装印刷行业低 VOCs 原辅材料源头替代标准化试点等 6 项生态环境领域标准化试点项目，以提升设区市生态环境部门标准化能力和水平。经两年建设与评估验收，6 个试点项目均取得了预期成果，典型优秀案例见专栏 1-8～专栏 1-10。

专栏 1-8 竹林固碳经营技术标准化试点项目

着力解决竹林低产低效林改造和过度集约非生态化经营问题，需要标准化的竹林固碳经营技术规范和竹林碳汇测算计量方法。从 2021 年 8 月开始，试点在浙江省杭州市临安区青山湖街道青南村隋梅林场建设了 359 亩[①]毛竹林，建立竹林固碳减排综合经营示范基地，实施了 4 种竹林固碳减排经营技术：养分调控增汇技术、结构同步优化增汇技术、生态扰动减排促汇技术和土壤活性有机碳稳碳技术，通过对毛竹林地上部分碳储量、地下部分碳储量和土壤有机碳储量的标准化科学测算，实施固碳经营技术样地毛竹林年土壤固碳量增加 52.49%，植被固碳量增加 75.86%，毛竹林生态系统每年每公顷固碳量增加 22.79 t，增汇效应显著。

依托试点项目中形成的竹林固碳增汇技术体系和竹林碳汇计量监测方法与体系，制定了《竹林低碳经营与碳汇计量监测技术规范》行业标准；帮助临安区竹农开发竹林经营国家核证自愿减排量（CCER）碳汇项目面积 75 930.87 亩，在 30 年计入期内，预计可以产生 1 099 541 t CO_{2e} 的减排量，年均减排量为 36 651 t CO_{2e}；修订《竹林经营碳汇项目方法学》，制定《退化竹林修复碳汇项目方法学》；举办技术培训班 2 期，培训技术人员及竹农 200 人次。

竹林固碳减排综合经营示范基地

① 1 亩≈666.67 m^2。

试点项目依托浙江农林大学林业碳汇科技创新团队在竹林碳汇科学研究领域的前沿成果，充分利用“校地”合作平台，结合临安区的森林资源特点和竹林碳汇发展的现实需求，形成了技术与需求相融合、示范与开发相融合、辐射与引领相融合的亮点经验做法，取得了良好的经济效益、社会效益和生态效益。

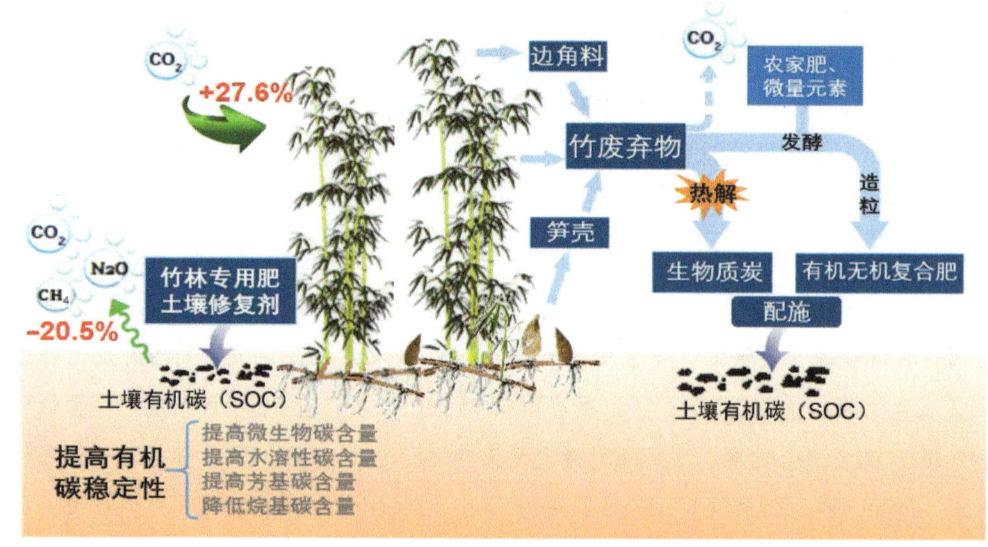

竹林固碳增汇经营技术体系图

试点资料提供单位：浙江农林大学

专栏 1-9　小微危废收运体系标准化试点项目

浙江制造企业众多，尤其是民营小微企业，存在分布广、区域散、危险废物种类杂，危险废物处置成本较高等现实情况，诸多小微企业危险废物（简称小微危废）处理不及时，对周边的生态环境、居民生活等都造成较大的安全风险和隐患。为解决小微危废收处难题，深化收运体系建设，温州借助省生态环境系统标准化试点工作，制定《温州市小微危废收运体系建设试点规范化管理导则》，积极推进《小微危险废物收贮运服务规范》地方标准编制工作。

一、真抓实干，为解决小微危废规范管理难问题贡献温州样板

明确小微危废收运体系准入条件、工作要求、工作流程、服务标准和监督考核等五方面要求，为小微危废规范管理厘清工作定位，有效推进体系建设。广大小微产废企业有效纳入监管范围，借助收运单位的帮扶指导，明显提升危险废物管理水平，实现危险废物全过程规范化闭环管理。

二、借力巧干，为生态环境管理制度成为地方标准提供温州路径

地方标准要求高且用词严谨，温州积极联系并借助省、市标准化研究院力量，针对管理制度与地方标准的差异，通过不断的讨论和沟通，在吸纳浙江省标准化研究院意见建议的同时，也坚守环境管理的初心本意，逐步达成共识。全省首批标准化试点首个通过地方标准立项，同时有望成为全国首个小微危废收运体系地方标准。

三、宣传引路，为体系建设与标准规范互助共推营造氛围

注重梳理提炼小微危废收运体系建设中规范内容作为制定标准的基本条目，同时在制定标准规程中进一步修正推动小微危废收运精细化管理。特别是在小微危废收运体系建设工作汇报、阶段性成果宣传展示时，着重介绍地方标准制定工作的进展和预期目标，首倡“坚持标准化规范”，突出制定实施地方标准的重要性，让标准化意识入脑入心，为出台地方标准奠定广泛而坚实的认知基础与实践基础。

专栏 1-10　“无废工厂”建设标准化试点项目

绍兴市将“无废工厂”建设标准化试点作为推动“无废城市”建设的重要手段，发布“无废工厂”评价技术规范，推动工业企业的高质量发展，完成“无废工厂”建设 186 家。主要做法如下:

一、构建评价体系

围绕建立企业固体废物全周期管理体系，构建涉及产品、原辅材料、工艺设备、一般工业固体废物、工业危险废物、生活垃圾、源头节能降耗、企业管理、科普宣传等方面的“无废工厂”标准化建设管理要求，于 2023 年 8 月 25 日正式发布。

二、规范申报程序

建立以企业申报—行业主管部门初审—市级部门审核—联合发文命名的程序。充分利用数字赋能，主动“揭榜挂帅”，开发“无废细胞”模块并纳入绍兴市“数字化改革工作台”。目前该平台已在“浙里办”上线，并向全省推广。

三、结合创建实际

按照边探索、边应用、边提升的思路，不断探索固体废物减量化、资源化、无害化解决路径，率先开展危险废物定向“点对点”利用工作，印发《绍兴市危险废物“点对点”定向利用许可证豁免管理工作实施方案（暂行）》，全市累计资源化利用19.16 万t特定类别危险废物，为企业节约成本1.86 亿元，在2023年7月25日召开的全国“无废城市”建设推进会上，该做法得到了生态环境部领导的肯定。实现小微危废集中收运体系全覆盖。

绍兴市“无废工厂”标准体系涉及多种企业类型和申报全流程，在全国开展“无废工厂”建设过程中具有借鉴实用价值。

危险废物智能化管理仓库

试点资料提供单位：绍兴市固体废物管理中心

1.3 主要特点

在“绿水青山就是金山银山”理念、“八八战略”和生态省建设、美丽浙江建设的决策部署指引下，浙江省生态环境标准工作结合环境管理实际需求，不断探索、发展和完善，陆续制定出台了许多具有地方特色的生态环境标准，并逐步建立健全了地方生态环境标准体系，有力支撑了浙江的生态文明建设。总体来说，浙江生态环境标准具有以下三大特点。

1.3.1 标准内容实用好用

浙江的强制性污染物排放标准数量不多，但在引领行业绿色发展和污染治理上普遍具有较强的实用性。紧扣环境管理需求，发布的废纸造纸、蚕桑区桑叶氟化物控制、酸洗、电镀、燃煤电厂、污染场地等标准均及时解决环境管理中碰到的污染治理与环境保护的需求；适配行业发展水平，充分考量浙江的民营经济发达，企业发展水平差异大等情况，如工业涂装、纺织染整、制鞋等行业呈现明显的“小企业大协作”的块状经济特征，在限值要求设置时充分考虑中小企业的发展水平、治理能力，给予中小企业提质升级的时间；及时评估动态调整，通过标准实施评估、复审等工作，及时对不符合环境管理需求的，不适应经济社会发展的，与上位法律、法规、国家和行业标准相矛盾的地方标准开展修订和废止工作，如国家制浆造纸标准发布后，及时废止了浙江废纸造纸标准；农村生活污水处理设施水污染物排放标准及时根据上位条例进行修订，形成强制性和推荐性标准并进的管理方式；污染场地风险评估技术导则及时修订为建设用地土壤污染风险评估技术导则。这既满足了保护公众健康和生态系统的需求，也充分考虑了经济技术发展水平和引领方向。

1.3.2 制定程序严谨规范

浙江生态环境标准制修订过程中十分注重程序规范和科学严谨。除规定的立项、征求、审评、报批等环节外，2010 年的《浙江省地方标准管理办法》对强制性标准增加了听证程序，规定：对强制性地方标准立项建议，省标准化行政主管部门应当会同省有关行政主管部门召开听证会。2021 年的《浙江省标准化条例》延续了该项要求，并进一步明确了涉及人身健康和生命财产安全、生态环境安全的地方标准，存在重大意见分歧或者涉及利益关系重大调整，需要进行听证，听取有关行政机关、社会团体、企业事业单位、消费者代表、人大代表、政协委员等社会各方面的意见；强化了程序规范性以及重大行政决策充分听取各方意见的要求，增加了标准制定的民主性、严谨性。此外，为确保高质量制修订地方生态环境标准，浙江探索形成了一套较为成熟的地方生态环境标准管理模式，出台了《浙江省生态环境厅地方生态环境标准管理工作规定》，强化了标准制定前期研究、修订、实施评估工作，明确省环标委在加强技术把关上发挥重要作用，进一步保障了标准制修订的规范性和严谨性。

1.3.3 要素领域守正创新

在最初的污染加重阶段，环保工作强调对症下药、重点整治，浙江生态环境标准也立足环境保护传统领域，聚焦重点行业、重要污染物的排放标准制修订，化学合成制药、纺织染整、化学纤维、酸洗等多项标准均为全国首个行业污染物排放标准；电镀水污染物排放标准中多条管理措施被国家、长三角地区标准参考引用。随着生态环境质量的日益改善，在做好污染物排放标准管理的基础上，浙江生态环境标准在制定中积极拓展新兴要素领域，围绕“公众参与”，出台全国首个环境保护设施公众开放省级地方标准；围绕“污水零直排区”建设，出台全国首个关于“污水零直排区”建设的市级（湖州）和省级系列标准；针对道路突发事故应急处置，出台应急收集系统技术规范；针对 5G 等电磁辐射出台首个地方层面电磁辐射环境自动监测技术规范。此外，地市也积极拓展标准制定的环境要素和领域，在全国率先探索生态文明示范建设管理标准，如湖州市“绿水青山就是金山银山”价值转化，丽水市环境健康、生态环境价值实现机制、生物多样性保护等相关标准。

第二章

建设成效

浙江生态环境标准紧紧围绕各个时期的管理需求，充分发挥标准的引领、规范和保障作用，推进了依法治污、精准治污和科学治污，与国家生态环境标准一起有力支撑并推动了浙江实现从环境整治向美丽浙江的历史性跃迁。近年来，浙江省总体环境质量稳居长三角第一、改善幅度全国领先，2022 年省控断面优良水质比例达到 97.6%，设区市 $PM_{2.5}$ 平均浓度 24 μg/m^3；全省生态环境公众满意度连续 12 年提升，环境信访总量连续 7 年下降。同时，浙江生态环境标准工作也走出了符合浙江实际和产业特色的道路，以浙江实践不断塑造具有浙江辨识度的地方生态环境标准。

2.1 取得成效

2.1.1 有力支撑环境质量改善

（1）水环境质量方面

随着造纸、畜禽养殖、酸洗、农村生活污水、工业企业氮磷排放、生物制药、电镀、城镇污水处理厂、城镇“污水零直排区”等方面的生态环境标准发布实施，尤其是在治水攻坚时期发布城镇污水处理厂和城镇“污水零直排区”建设标准，有力支撑了水环境质量持续改善和高位巩固，省控断面优良水质比例从 2006 年的 62.0%提高至 2022 年的 97.6%，连续 6 年未出现劣Ⅴ类断面（图 2-1）。

（2）大气环境质量方面

《环境空气质量标准》（GB 3095—2012）打响了中国大气污染防治攻坚战的发令枪，引领浙江生态环境保护工作从污染物排放控制为主向环境质量目标管理转变。生物制药、化学合成制药、制鞋、工业涂装、燃煤电厂、化学纤维等污染物排放标准的发布有力支撑了 $PM_{2.5}$ 治理和 VOCs 与 NO_x 协同管控，设区市 $PM_{2.5}$ 平均浓度持续下降，从 2013 年的 61 μg/m^3 下降到 2022 年的 24 μg/m^3；优良天数比例从 2013 年的 68.4%上升到 2021 年的 94.4%，2022 年受异常天气等的影响略有下降（图 2-2）。

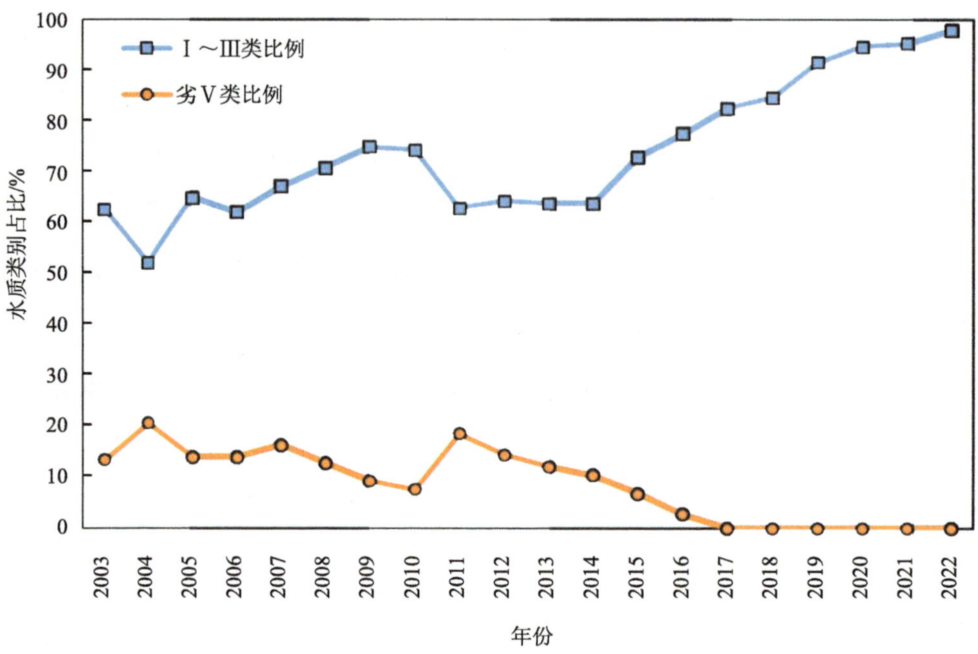

图 2-1　浙江省控断面水质改善情况

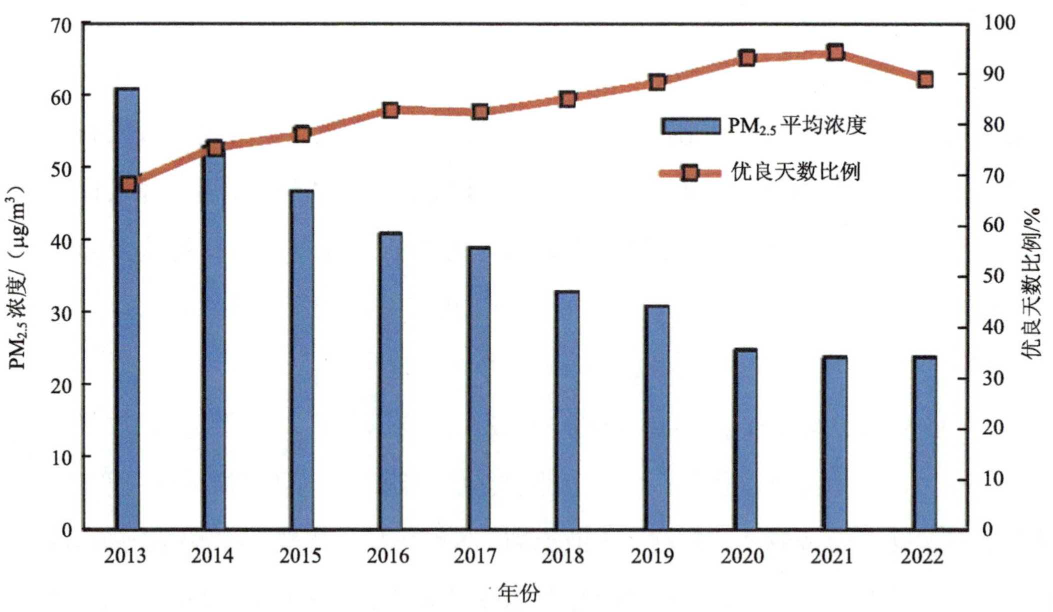

图 2-2　浙江空气环境质量改善情况

2.1.2 助推行业绿色转型发展

浙江制造产业类型多样，其中造纸、纺织染整、化学纤维、酸洗和电镀、制鞋、制药等产业，不仅产量、产能均位居全国前列，更是污染物排放大户，典型的如废纸造纸废水，印染定型机油雾和 VOCs 污染、酸洗和电镀重金属污染、制药和制鞋的 VOCs 污染等，是环境污染重点治理对象。地方标准聚焦地方特色产业，助力行业绿色发展。以浙江传统产业中具有代表性的废纸造纸、纺织染整两个行业为例进行简要介绍。

（1）废纸造纸

浙江造纸工业年产量一直保持在全国前列，《浙江省造纸工业（废纸类）水污染物排放标准》（浙 DHJB 1—2001）是基于当时浙江废纸原料占全部造纸原料的 80%左右，COD_{Cr} 排放量占比接近 90%的特点，制定的强制性标准。该标准发布实施后，2002—2004 年行业 COD_{Cr} 排放量呈明显下降趋势；在 2005—2007 年产量大幅增加的情况下，该标准有效地遏制了行业 COD_{Cr} 排放（图 2-3）。2008 年，随着国家标准发布、对废纸进口管控加严、污染防治技术提升和废水间接排放等的推进，行业污染物排放得到进一步控制。

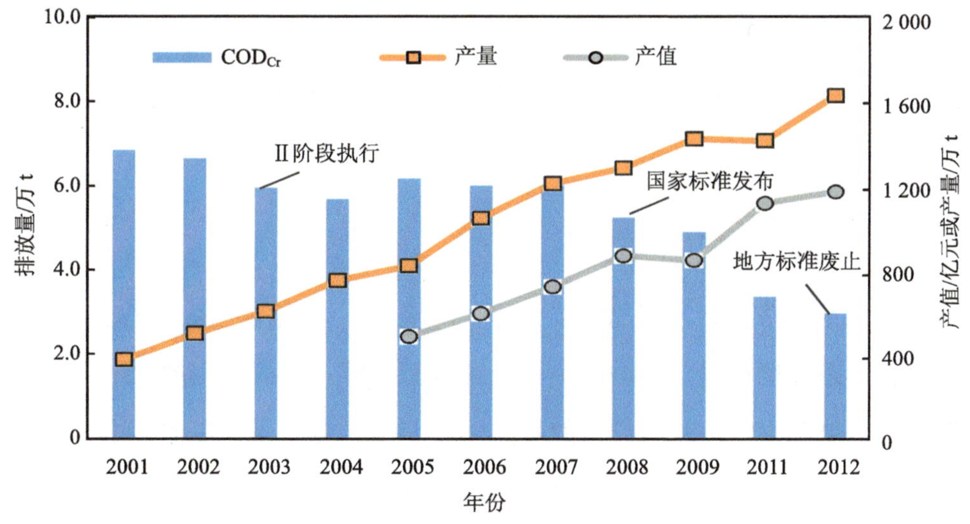

图 2-3 浙江造纸行业 COD_{Cr} 排放量、产值、产量等情况

（2）纺织染整

浙江是纺织染整行业大省，印染布产量一直位居全国第一，鉴于纺织染整行业造成的环境问题以及国家相应行业大气污染物排放标准的空白，2015 年浙江发布了《纺织染整工业大气污染物排放标准》（DB33/ 962—2015）。标准实施后对浙江纺织染整行业的大气污染防治起到了显著的推动作用，企业 VOCs 治理率和治理水平持续提升，行业绿色发展水平大幅提高，初步统计单位产值 VOCs 排放量从 2016 年的 2.26 kg/万元下降到 2021 年的 0.41 kg/万元（图 2-4）。

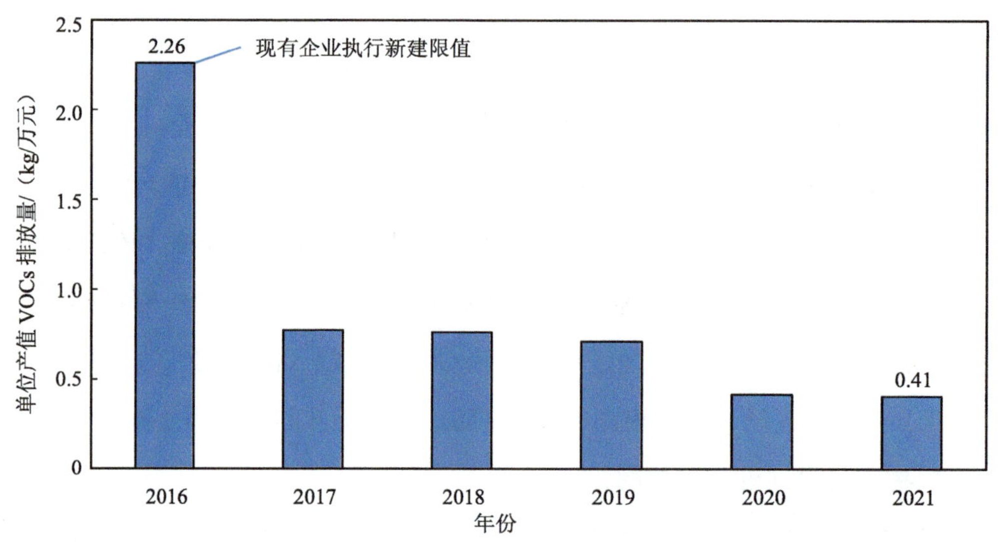

图 2-4 浙江纺织业单位产值 VOCs 排放量变化

2.1.3 推动治理设施提质增效

基础设施是经济社会发展的重要支撑，环境治理设施则是深入打好污染防治攻坚战、改善生态环境质量、增进民生福祉的基础保障。以煤为主的火电、锅炉一直是我国供电供热和大气污染物排放的双主体；浙江针对以煤为主的火电、锅炉以及农村、城镇生活污水等治理设施积极出台地方排放标准，有力推动治理设施提质增效，实现清洁排放。

（1）燃煤电厂

众所周知，限制传统燃煤发电机组发展的重要因素之一就是环保问题，其大气污染物排放一直备受关注，对于降低大气污染物排放的追求也从未停止。2013 年，浙江率先启动了燃煤电厂超低排放改造，并在完成改造的基础上，率先出台了《燃煤电厂大气污染物排放标准》（DB33/ 2147—2018），巩固了超低排放成效，助力了大气环境质量改善。燃煤发电机组超低排放改造前后及标准发布实施以来污染物排放量见图 2-5。

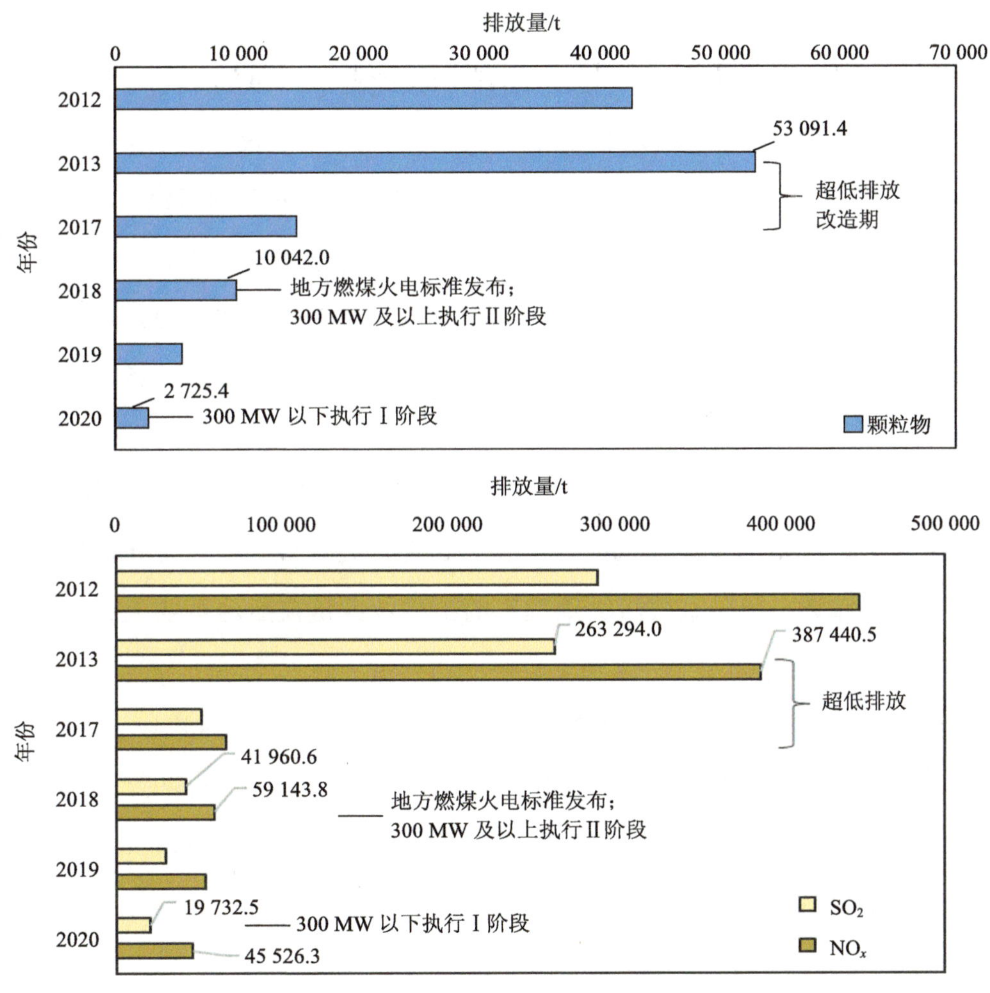

图 2-5 燃煤电厂污染物排放情况

该标准实施后，强化了颗粒物、SO_2、NO_x 的排放要求。其中，现有单台出力 300 MW 及以上发电机组配套的燃煤发电锅炉自 2018 年 11 月 1 日起执行Ⅱ阶段规定的排放限值，现有单台出力 300 MW 以下发电机组配套的燃煤发电锅炉以及其他燃煤发电锅炉自 2020 年 1 月 1 日起执行 I 阶段规定的排放限值，其颗粒物排放要求分别为 5 mg/m^3 和 10 mg/m^3，颗粒物排放量进一步降低。相比 2013 年超低排放改造时，2020 年浙江燃煤电厂的颗粒物、SO_2、NO_x 排放量仅分别为 2013 年的 5.1%、7.5% 和 11.8%，平均削减幅度达到 90%以上，显著改善了大气环境质量。

（2）城镇污水处理厂

2018 年浙江启动了城镇污水处理厂清洁排放改造，2019 年出台了《浙江省城镇污水处理提质增效三年行动方案（2019—2021 年）》，全面推进了清洁排放改造工作。截至 2023 年 10 月底，已有 312 家城镇污水处理厂执行《城镇污水处理厂主要水污染物排放标准》（DB33/ 2169—2018），约占全省城镇污水处理量的 90%，仍有 24 家执行《城镇污水处理厂污染物排放标准》（GB 18918—2002）一级 A 标准（合计处理能力约 300 万 t/d），未完成清洁排放改造，预计到 2025 年全面完成后执行 DB33/ 2169—2018。

相较于燃煤火电厂，在统计过程中污水处理厂仅统计削减量，不统计排放量，且污水处理厂包括城镇污水处理厂和工业污水处理厂，相关统计数据对比中会存在一定的偏差。浙江城镇污水处理厂清洁排放改造前后污染物大致削减情况见图 2-6。

从污水处理厂污染物削减量的情况来看，自清洁排放改造推进以来，2021 年 COD_{Cr}、NH_3-N、TN 和 TP 的削减量较 2017 年削减量分别增加了 16.67 万 t、1.97 万 t、2.55 万 t 和 0.98 万 t，占 2017 年削减量的 13.3%、19.8%、25.8%和 65.8%。其中，TN、TP 削减幅度明显。

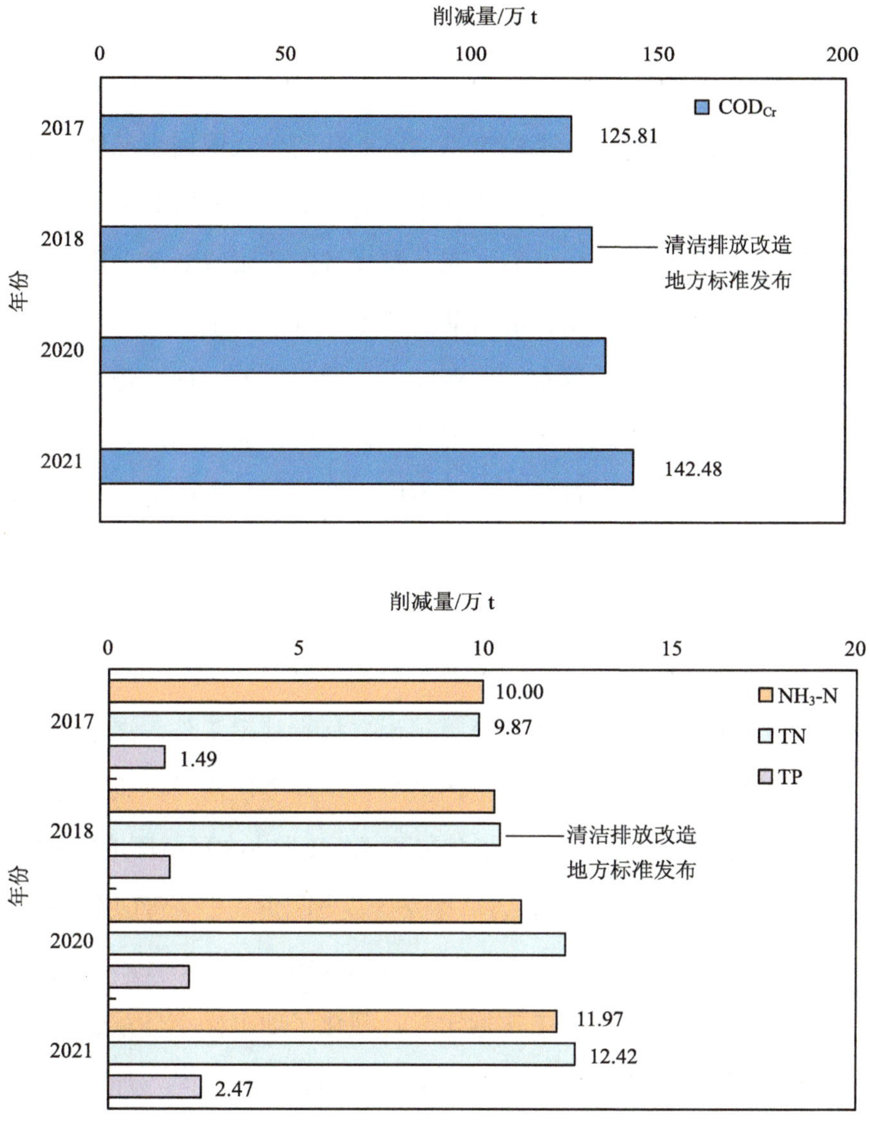

图 2-6 污染物大致削减情况

2.2 主要经验

浙江生态环境标准历经 20 余年的发展，积累了较为丰富的标准制修订和管理的经验，地方的辨识度明显，主要可归纳如下。

2.2.1 强支撑保障、重标准规划和定工作规则

经过“十五”期间的地方标准制定探索，浙江充分认识到生态环境标准的重要性，率先在省环科院成立政策与标准研究所，专职从事环境保护标准化工作，强化人员力量保障；并申请成立省环标委，充分发挥省内各领域专家力量，更好服务于地方生态环境标准工作。浙江省相继启动了“十二五”“十三五”“十四五”地方环境保护标准建设规划研究，发布了《浙江省环境保护地方标准建设“十二五”规划》《关于落实“十三五”地方环保标准项目计划工作的函》，以及提出了“十四五”地方生态环境标准建设项目库，明确不同时期、不同阶段地方生态环境标准制定的重点方向和领域，以确保标准制修订与浙江生态环境管理实际需求、产业特点等紧密契合。同时以科研项目的形式、业务处室工作经费方式积极落实并有效保障地方标准制修订工作经费。

浙江省在地方标准制修订中也十分重视地方标准管理工作。浙江省生态环境厅就强制性排放标准听证事项与浙江省市场监督管理局多次沟通讨论，逐步明确了地方标准制修订的工作流程，并于2019年发布了《浙江省生态环境厅地方标准管理工作规定》，明确业务处室、主管处室、省环标委等多方职责和相关管理要求；2022年，根据《生态环境标准管理办法》《浙江省标准化条例》等，修订形成了《浙江省生态环境厅地方生态环境标准管理工作规定》，强化了地方标准体系建设，进一步明确了强制性标准听证、二次征求、实施评估等具体要求。同时也加强了省环标委建设与管理，顺应生态环境保护发展的大趋势，及时扩充生态、碳达峰碳中和、海洋、数字化等领域的专家委员。

2.2.2 聚地方特色、重实施评估和成标准体系

在地方标准作为国家标准补充的定位下，浙江重点聚焦省内特色行业，以及水、大气、土壤、固体废物、核与辐射等环境要素亟须的管理需求，积极推动地方标准制修订，逐步构建了符合浙江环境管理实际和产业特点、与国家和周边省

份相协调的地方生态环境标准体系（图 2-7），初步形成具有浙江辨识度的城乡融合水环境治理、挥发性有机物治理和燃烧源超低排放大气协同治理、“评估-修复-监管-利用”土壤污染防治等要素领域标准子体系，有力支撑了美丽浙江高质量建设。

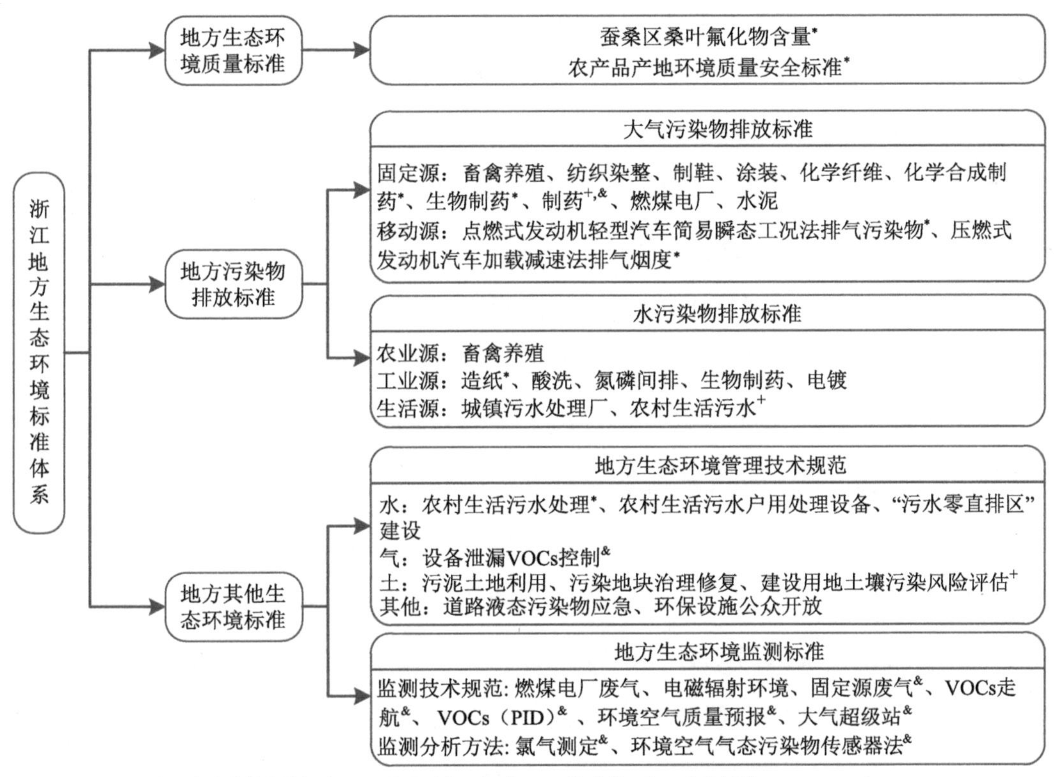

注：“*”为已废止或被替代标准；“+”为已修订标准；“&”为长三角一体化标准。

图 2-7　浙江地方生态环境标准体系

①在水环境领域着眼“绿水长清”。积极制修订畜禽养殖、酸洗、电镀等地方特色的水污染排放标准；聚焦工业企业废水纳管排放，补齐《污水综合排放标准》氮磷间接排放监管不足，制定工业企业氮磷间接排放限值。强化生活源治理，率先实现农村和城镇生活污水排放标准全覆盖，并基于“千万工程”中浙江农村生活污水处理实践经验，首创农村生活污水“分标管理、强推并施”的管理模式。

同时，在“五水共治”“污水零直排区”治水工作经验的基础上，理顺“源—网—厂—口—河”水环境治理关键节点，发布了全国首个城镇“污水零直排区”建设规范。②在大气环境领域着眼“蓝天常在”。着重聚焦燃烧源超低排放和 VOCs 治理，率先出台了燃煤电厂超低排放标准及其监测技术规范，积极推进锅炉、水泥等超低排放标准的制定；有序推进纺织染整、制鞋、工业涂装、化学纤维、制药等浙江省重点涉 VOCs 行业污染物排放标准制定，有效补齐监管短板并助力 VOCs、NO_x 协同管控。强化区域协同治理，配合推进长三角区域 VOCs 走航监测、设备泄漏 VOCs 控制、园区 VOCs 光离子化传感器网格化监测、空气质量预报等长三角一体化标准。③在土壤固体废物领域着眼“净土清废”。发布污泥土地利用、污染地块修复、建设用地土壤污染风险评估等标准规范，有力提升风险防控水平；积极推进危险废物利用处置设施建设技术规范、建设用地土壤修复监测技术规范以及“无废城市”建设等标准制定。④在辐射领域着眼“辐防核安”。率先发布电磁辐射环境自动监测技术规范，加强电磁辐射监测；推进生物中放射性核素钋-210 监测方法，补齐放射性监测方法短板。

在加强地方标准制修订的同时，浙江十分重视标准实施评估工作。近年来，陆续完成了农村生活污水、制鞋、化学合成类制药、生物制药、纺织染整、畜禽养殖、工业涂装、城镇污水处理厂等地方污染物排放标准实施评估工作，及时了解标准控制项目、指标限值设置合理性、可达性以及企业达标情况，并明确给出标准是否符合生态环境和经济社会发展形势、是否需要修订的意见和建议。结合行业发展和管理要求的趋势，明确了修订的方向和重点内容，其中农村生活污水、化学合成类制药、生物制药（涉气部分）完成修订工作，畜禽养殖、纺织染整、工业涂装列入了修订计划。实现了地方污染物排放标准从“制定—实施评估—修订”全生命周期管理（图 2-8）。此外，浙江省还开展国家制药类水污染物、合成革与人造革工业污染物排放标准等国家标准的实施评估，及时了解国家标准在浙江省的实施情况。

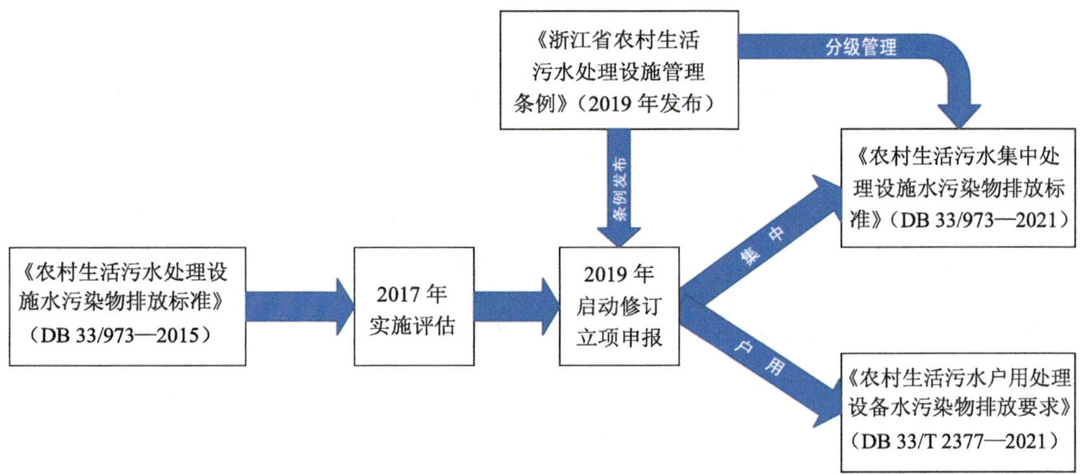

图 2-8 浙江生态环境标准全生命周期管理路径（以农村生活污水为例）

2.2.3 与国家标准互补、注重区域协调和加强地方实践

浙江省注重与国家生态环境标准体系的互补性、协调性，在大气 VOCs 治理领域得到了充分体现，积极推进地方特色行业污染物排放标准制定，及时补齐地方亟须和国家欠缺领域的标准，形成地方重点 VOCs 行业污染物排放标准全覆盖（图 2-9）。

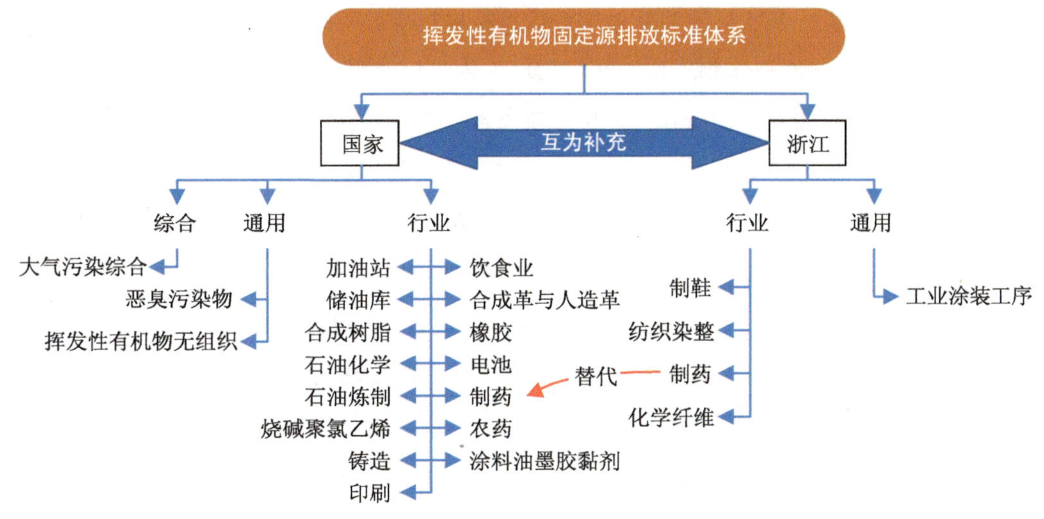

图 2-9 与国家污染物排放标准互为补充（以 VOCs 为例）

浙江注重长三角区域生态环境标准的协调性和一致性，积极融入长三角生态绿色一体化发展布局。参考上海生物制药标准率先推进长三角区域标准一体化，制定了严格程度相当的浙江省生物制药工业污染物排放标准，为后续首个长三角区域一体化制药污染物排放标准制定的出台奠定了基础。从发挥优势出发、从区域协同落脚，探索相互衔接、公平合理、示范争先的区域环境标准体系，强化生态环境共保联治和减污降碳协同增效，联合两省一市发布《长三角生态环境保护标准一体化建设规划（2020—2035 年）》。聚焦长三角共同需求和优先选项，联合研究制定制药大气污染物排放、设备泄漏 VOCs 控制、大气超级站、光离子化传感器网格化监测、VOCs 监测、氯气测定等 6 项长三角区域一体化标准以及环境空气质量预测、固定污染源废气现场监测、VOCs 走航监测等 3 项长三角区域一体化示范区标准。

专栏 2-1　首项长三角区域一体化强制性标准——制药标准

浙江作为原料药生产大省，在 2014 年生物制药地方标准的基础上，推进了化学合成类制药大气污染物排放标准研究制定，2016 年率先发布《化学合成类制药工业大气污染物排放标准》（DB33/ 2015—2016），为全国首个化学合成类制药工业大气污染物排放标准。2019 年，国家发布《制药工业大气污染物排放标准》（GB 37823—2019），结合长三角生态环境保护标准一体化工作，纳入区域一体化标准开展同步修订。

2021 年 12 月 27 日，浙江省人民政府批准发布《制药工业大气污染物排放标准》（DB33/ 310005—2021），首项长三角区域一体化污染物排放标准全部通过三省一市人民政府批准正式落地实施。该项标准代替了《化学合成类制药工业大气污染物排放标准》（DB33/ 2015—2016）以及《生物制药工业污染物排放标准》（DB33/ 923—2014）中的大气污染防治部分。适用于《国民经济行业分类》（GB/T 4754—2017）规定的医药制造业（C 27）[但除卫生材料及医药用品制造（C 277）和药用辅料及包装材料（C 278）外]。与国家行业标准相比，收严了 5 项指标，增加了 11 项指标，标准限值在国内、国外均属于比较严格之列。同时限值设置考虑了地区间差异，如浙江对甲醇、甲醛、臭气浓度等污染物执行更严格的限值。

2023 年标准以“目标引领、联合编制、一体化设计和差异化推进，实现长三角制药行业标准一体化”为题入选了首届上海市地方标准“十佳案例”。

此外，浙江十分注重特色行业污染治理实践，积极出台了一批重污染行业污染防治技术指南、特色行业整治提升技术规范、挥发性有机物治理可行技术指南等标准化文件（见附表 4），为后续地方生态环境标准制定提供了大量实践基础。

2.2.4　推试点项目、重经验转化和促示范引领

充分抓住浙江作为国家标准化综合改革试点省的机遇，大力推进生态环境领域标准化试点工作，加快推进重点领域标准体系的构建。充分运用省级标准化试点和生态环境系统标准化试点等载体，积极推进 VOCs 治理和“无废城市”建设两大领域的省级标准化试点，以及竹林固碳经营等首批 6 大生态环境系统标准化试点（表 2-1），加快提升生态环境领域标准化水平。

表 2-1　2021 年生态环境系统标准化试点项目

序号	试点名称	地市
1	竹林固碳经营技术标准化试点	杭州
2	小微危废收运体系标准化试点	温州
3	企业污染防治设备工况自动监控系统标准化试点	嘉兴
4	“无废工厂”建设标准化试点	绍兴
5	固废行业环境污染责任保险标准化试点	金华
6	包装印刷行业低 VOCs 原辅材料源头替代标准化试点	台州

开展了环境标准创新试点，围绕生态环境领域管理需求，以国际标准和区域基准研制、地方生态环境标准国际化和重点生态环境标准研制为三大主要方向，通过试点项目推动生态环境标准与产业、公共社会事业深度融合，加快科技和管理创新成果标准转化，支撑服务生态环境管理和产业绿色低碳转型。

积极探索浙江经验的标准化转化，成功将浙江省“污水零直排区”建设的经验、环保设施公众开放的经验，转化上升为省级地方标准。积极鼓励各设区市加强地方实践经验转化，出台生态环境领域市级标准和县级技术规范，为相关省级地方标准制定夯实基础。

2.3 横向比较

2.3.1 我国地方生态环境标准总体情况

根据《中华人民共和国环境保护法》第十六条第二款要求“地方污染物排放标准应当报国务院环境保护主管部门备案”，经在生态环境部官网“地方生态环境标准备案登记信息”中查询（https://www.mee.gov.cn/ywgz/fgbz/bz/dfhjbhbzba/），截至 2023 年 6 月 12 日，已累计依法备案地方污染物排放标准 352 项，其中现行标准共 252 项（统计数据不包含我国香港、澳门特别行政区和台湾省）。

各省（区、市）污染物排放地方标准发布情况见图 2-10。

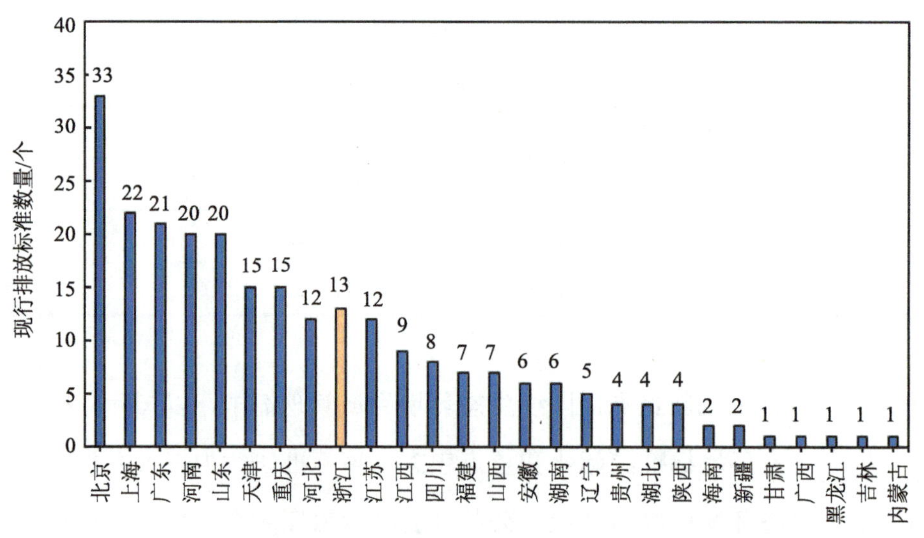

图 2-10　各省（区、市）污染物排放地方标准发布情况

党的十八大以后，累计备案地方标准由 2012 年的 87 项增加到 352 项，增长 3 倍以上。从数量上来看，北京、上海、广东、河南、山东等省（市）走在全国前列，浙江省发布数量位于中上水平。

2.3.2 典型区域比较分析

鉴于各地产业差异，地方污染物排放标准数量难以体现各省（区、市）地方标准的特点。考虑到浙江是民营经济强省、制造业强省，企业主体类型多样，与珠三角的广东省在服装、制鞋、电镀、家具等产业具有高度的相似性；浙江属于长三角区域，区域间产业既高度重合（如水泥、纺织、化纤等产业），又上下游相互配套（如石化、化工、汽车制造等产业），区域间的标准相互促进、协同发展。为此，本节重点对浙江与上海、江苏、安徽和广东（以下统称“四省一市”）开展地方生态环境标准对比分析研究。

2.3.2.1 总体情况比较分析

“四省一市”都高度重视地方生态环境标准的制修订，虽然起步时间不同，侧重制定方向和数量也有所差异，但是经过多年的实践，都形成了较为成熟和特点鲜明的地方生态环境标准体系。其中，上海以大气污染物排放标准和污水综合排放标准为主构建了地方标准体系；江苏随着生态环境标准体系建设实施方案的推进，大力推进了水、大气、土壤、生态等多个领域启动标准制定工作，取得了突破性的进展。安徽的标准工作发展迅速，加快推进了水、大气、农村污染防治等领域标准制定。广东污染物排放标准已涵盖了电镀、水泥、陶瓷、印染、工业涂装、电路板等多个地方特色行业，同时在流域标准制定上积累了丰富的经验。

“四省一市”地方生态环境标准数量和类型情况见图 2-11。

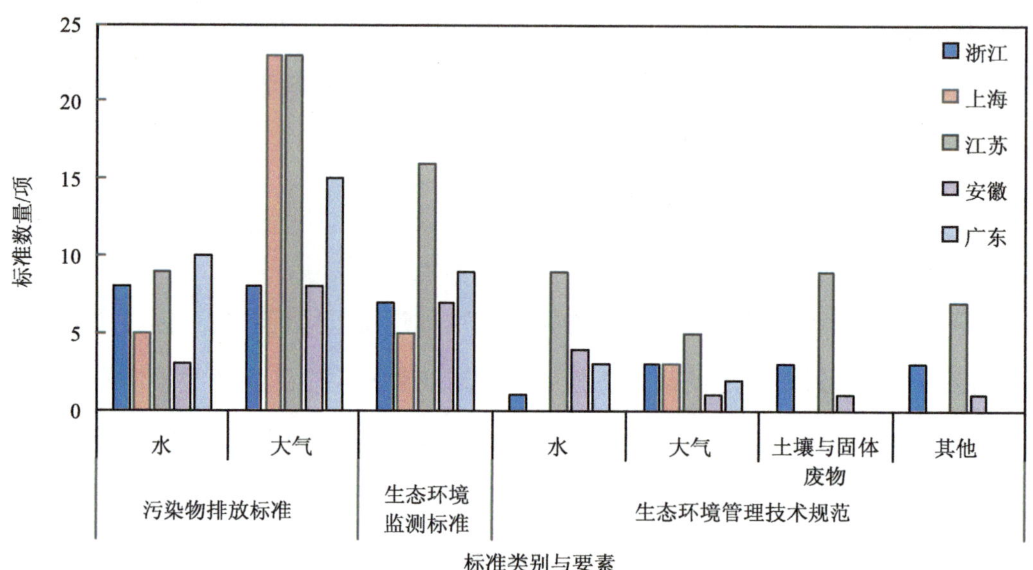

图 2-11 “四省一市”地方生态环境标准数量和类型情况

“四省一市”水和大气污染物排放标准重点领域覆盖情况见表 2-2 和表 2-3。

表 2-2 “四省一市”水污染物排放标准重点领域覆盖情况

领域/行业		浙江	上海	江苏	安徽	广东
农业源	畜禽	●	●	⊙	○	●
	水产	⊙	●	●	○	○
生活源	城镇	●	○	●	●	●
	农村	●	●	●	●	●
典型工业源	电镀	●	○	⊙	⊙	●
	半导体	○	●	●	●	○
	制药	●	●	●	○	○
污水综合		○	●	○	○	●
流域型标准		○	●	○	●	●

注：“○”为未制定地方排放标准；“●”为已发布地方排放标准；“⊙”为地方排放标准制定中。

表 2-3 “四省一市”大气污染物排放标准重点领域覆盖情况

领域/行业		浙江	上海	江苏	安徽	广东
农业源	畜禽	●	●	⊙	○	●
生活源	餐饮	○	○	●	○	○
	汽修	⊙	●	●	⊙	⊙
工业源	制鞋	●	○	○	○	●
	印染	●	○	⊙	○	○
	汽车	●	●	●	○	●
	家具	●	●	●	●	●
	制药	●	●	●	●	●
	化纤	●	○	○	○	○
	水泥	●	○	●	●	●
	涂装	●	○	●	○	○
基础设施	火电	●	●	●	●	○
	锅炉	⊙	●	●	○	●
大气综合		○	●	●	⊙	●

注：“○”为未制定地方排放标准；“●”为已发布地方排放标准；“⊙”为地方排放标准制定中。

从水和大气污染物排放标准重点领域覆盖情况来看，浙江欠缺综合型的污染物排放标准。对于水环境领域，浙江亟须加强农业源领域管控；而对于大气环境领域，浙江亟须加强生活源的管控。

2.3.2.2 重点标准比较分析

“四省一市”十分重视制造业高质量发展，配套了大量的表面处理企业。为此，聚焦“四省一市”制造业中最为常见、最为通用的表面处理（工业涂装和电镀），燃煤电厂和锅炉等制造业基础设施，以及城镇污水处理厂等环境治理设施，开展污染物排放标准的比较分析。

（1）表面处理——工业涂装工序

“四省一市”均对工业涂装工序制定了相关标准，包括通用型和行业型污染物排放标准，如浙江和江苏的工业涂装工序大气污染物排放标准，上海、江苏、广东的家具、汽车等行业大气污染物排放标准。以关注的污染物项目非甲烷总烃（NMHC）和苯系物为例，“四省一市”工业涂装工序的主要污染物限值见图 2-12。

非甲烷总烃方面，浙江、广东的限值较为宽松，为 80 mg/m^3，上海、江苏、安徽对具体行业设置了较为严格的限值，介于 15～70 mg/m^3。苯系物方面，“四省一市”基本控制在 20 mg/m^3 左右，对船舶有耐腐蚀特殊要求除外；另外，从综合型和通用型来看，浙江、广东、上海均控制在 40 mg/m^3。

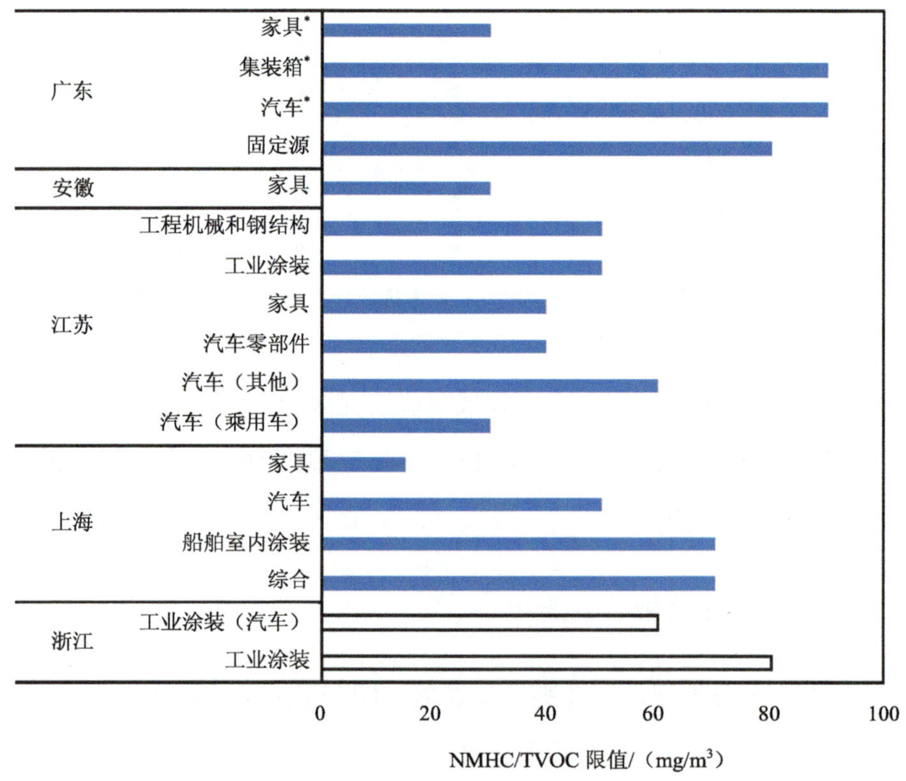

（a）

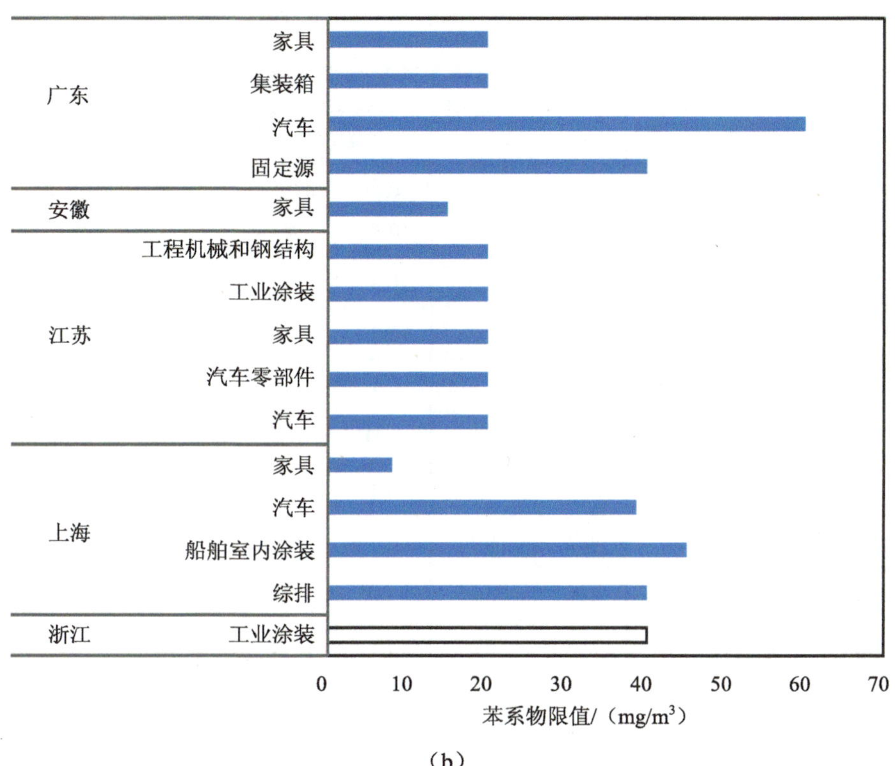

（b）

注：“*”表示采用的指标为总挥发性有机物（TVOC）。

图 2-12 “四省一市”工业涂装工序的主要污染物限值

（2）表面处理——电镀

除上海外，其他省都推进了电镀水污染物排放标准的制定，其中浙江和广东已出台，江苏和安徽仍在制定中。上海的《污水综合排放标准》（DB31/ 199—2018）中对相关重金属直接排放限值也进行了规定。

“四省一市”电镀行业重金属直接排放限值比较见表 2-4。

从标准结构来看，江苏和浙江划分了太湖流域、非太湖流域，广东划分了珠三角地区、非珠三角地区，上海设定了分级标准。从限值上看六价铬、总银、总铅、总汞等指标均一致。其他指标宽严各有不同，总铬最严格的为安徽和江苏；总镍上海、安徽最为严格，浙江和江苏保持一致；总镉在浙江太湖与非太湖流域设置了差异化限值；总铜最严格的为上海一级标准；总锌江苏最为严格。

表 2-4 "四省一市"电镀行业重金属直接排放限值比较 单位：mg/L

序号	指标	浙江		上海		江苏*		安徽*	广东	
		太湖流域	非太湖流域	一级	二级	太湖流域	非太湖流域		珠三角地区	非珠三角地区
1	总铬	0.5	0.5	0.5	0.5	0.4	0.4	0.4	0.5	0.5
2	六价铬	0.1	0.1	0.1	0.1	0.1	0.1	0.1	0.1	0.1
3	总镍	0.1	0.3	0.1	0.1	0.1	0.3	0.1	0.1	0.5
4	总镉	0.01	0.04	0.01	0.01	0.01	0.01	0.01	0.01	0.01
5	总银	0.1	0.1	0.1	0.1	0.1	0.1	0.1	0.1	0.1
6	总铅	0.1	0.1	0.1	0.1	0.1	0.1	0.1	0.1	0.1
7	总汞	0.005	0.005	0.005	0.005	0.005	0.005	0.005	0.005	0.005
8	总铜	0.3	0.3	0.2	0.5	0.3	0.3	0.3	0.3	0.5
9	总锌	1	1	1	2	0.8	0.8	1	1	1

注："*"表示江苏、安徽为征求意见稿。

（3）燃煤电厂和锅炉

作为基础设施，燃煤电厂率先开启了超低排放改造，"四省一市"中，除广东外，均发布了相关燃煤电厂大气污染物排放标准；除安徽外，均推动了相关锅炉大气污染物排放标准制定与发布。

"四省一市"燃煤电厂主要污染物排放浓度限值见图 2-13，锅炉 SO_2 和 NO_x 限值见表 2-5。

从燃煤电厂来看，长三角区域"三省一市"SO_2、NO_x 限值均为超低排放要求，分别为 35 mg/m^3、50 mg/m^3；PM 除浙江和安徽对新建或单台出力 300 MW 及以上发电机组规定了 5 mg/m^3 外，其余均为 10 mg/m^3，也为超低排放要求。从锅炉来看，除上海较为严格，广东较为宽松外，浙江、江苏 SO_2 和 NO_x 限值也向超低排放要求看齐。

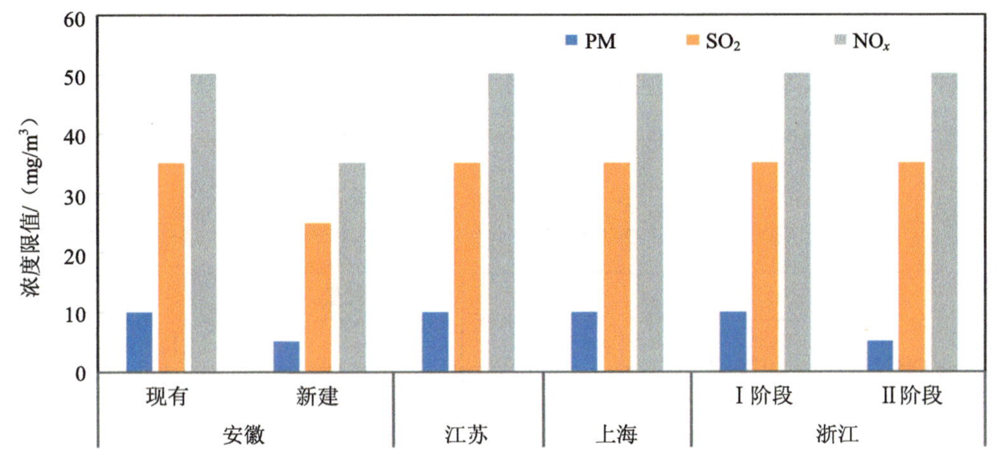

图 2-13　“四省一市”燃煤电厂主要污染物排放浓度限值

表 2-5　“四省一市”锅炉 SO_2 和 NO_x 限值　　　单位：mg/m^3

<table>
<tr><th>标准</th><th colspan="2">指标</th><th>SO_2</th><th>NO_x</th></tr>
<tr><td rowspan="2">浙江
（送审）</td><td colspan="2">燃煤、燃油、燃气、燃生物质（建成区）</td><td>35</td><td>50</td></tr>
<tr><td colspan="2">燃生物质锅炉（其他区域）</td><td>50</td><td>150</td></tr>
<tr><td rowspan="6">上海
DB31/ 387—2018</td><td rowspan="3">在用（自 2020 年 10 月 1 日起执行）</td><td>气态燃料锅炉</td><td>10</td><td>50</td></tr>
<tr><td>生物质锅炉</td><td>20</td><td>150</td></tr>
<tr><td>其他锅炉</td><td>20</td><td>50（环内）/
80（环外）</td></tr>
<tr><td rowspan="3">新建</td><td>气态燃料锅炉</td><td>10</td><td>50</td></tr>
<tr><td>生物质锅炉</td><td>20</td><td>150</td></tr>
<tr><td>其他锅炉</td><td>10</td><td>50</td></tr>
<tr><td rowspan="2">江苏
DB32/ 4385—2022</td><td colspan="2">燃煤、燃油、燃气、燃生物质（建成区）</td><td>35</td><td>50</td></tr>
<tr><td colspan="2">燃生物质锅炉（其他区域）</td><td>50</td><td>150</td></tr>
<tr><td rowspan="4">广东
DB44/ 765—2019</td><td rowspan="4">在用（自 2020 年 7 月 1 日起执行）/ 新建</td><td>燃煤</td><td>200</td><td>200</td></tr>
<tr><td>燃油</td><td>100</td><td>200</td></tr>
<tr><td>燃气</td><td>50</td><td>150</td></tr>
<tr><td>燃生物质</td><td>35</td><td>150</td></tr>
</table>

（4）城镇污水处理厂

除上海外，其余省份均有城镇污水处理厂相关污染物的排放标准要求。其中，浙江、江苏发布了城镇污水处理厂水污染物排放标准，安徽和广东则在流域型排放标准中对城镇污水处理厂主要污染物排放作出规定。

“四省一市”城镇污水处理厂主要水污染物排放限值见表 2-6。

表 2-6 “四省一市”城镇污水处理厂主要水污染物排放限值 单位：mg/L

<table>
<tr><th colspan="4">标准</th><th>化学需氧量</th><th>氨氮</th><th>总氮</th><th>总磷</th></tr>
<tr><td rowspan="2">浙江</td><td rowspan="2">DB33/ 2169—2018</td><td colspan="2">现有</td><td>40</td><td>2（4）</td><td>12（15）</td><td>0.3</td></tr>
<tr><td colspan="2">新建</td><td>30</td><td>1.5（3）</td><td>10（12）</td><td>0.3</td></tr>
<tr><td rowspan="4">江苏</td><td rowspan="4">DB32/ 4440—2022*</td><td rowspan="2">新建</td><td>A</td><td>30</td><td>1.5（3）</td><td>10（12）</td><td>0.3</td></tr>
<tr><td>B</td><td>40</td><td>3（5）</td><td>10（12）</td><td>0.3</td></tr>
<tr><td rowspan="2">现有</td><td>C</td><td>50</td><td>4（6）</td><td>12（15）</td><td>0.5</td></tr>
<tr><td>D</td><td>50</td><td>5（8）</td><td>15</td><td>0.5</td></tr>
<tr><td rowspan="2">安徽</td><td rowspan="2">DB34/ 2710—2016</td><td colspan="2">工业废水量＜50%</td><td>40</td><td>2（3）</td><td>10（12）</td><td>0.3</td></tr>
<tr><td colspan="2">工业废水量≥50%</td><td>50</td><td>5</td><td>15</td><td>0.5</td></tr>
<tr><td rowspan="5">广东</td><td colspan="3">DB44/ 2155—2019</td><td>40</td><td>5（2）</td><td>—</td><td>0.5（0.4）</td></tr>
<tr><td colspan="3">DB44/ 2130—2018</td><td>30</td><td>1.5</td><td>—</td><td>0.3</td></tr>
<tr><td colspan="3">DB44/ 2051—2017</td><td>40</td><td>5（2）</td><td>—</td><td>0.5（0.4）</td></tr>
<tr><td colspan="3">DB44/ 1366—2014</td><td>40</td><td>5</td><td>—</td><td>0.5</td></tr>
<tr><td colspan="3">DB44/ 2050—2017</td><td>40</td><td>2（4）</td><td>—</td><td>0.4</td></tr>
</table>

注：“*”表示对于新建城镇污水处理厂，排污口位于重点保护区域且总设计规模大于等于 5 000 m^3/d 的，以及排污口位于一般区域且总设计规模大于等于 10 000 m^3/d 的，执行 A 标准；其他执行 B 标准。对于现有城镇污水处理厂，排污口位于重点保护区域的，执行 B 标准；排污口位于一般区域中太湖地区的，执行 C 标准；除太湖地区外，排污口位于一般区域，总设计规模大于等于 3 000 m^3/d 的，执行 C 标准，总设计规模小于 3 000 m^3/d 的，执行 D 标准。

在指标限值上，“四省一市”较《城镇污水处理厂污染物排放标准》（GB 18918—2002）中一级 A 标准均有不同程度的提升，且对现有和新建城镇污水处理厂进行了差异化管控，同时综合考虑了以规模、工业废水占比等进行区分。其中，浙江对新建城镇污水处理厂的出水水质要求最为严格。

第三章

未来展望

2023 年是全面贯彻党的二十大精神的开局之年，也是“八八战略”实施 20 周年。习近平总书记在全国生态环境保护大会上指出，必须正确处理好高质量发展和高水平保护、重点攻坚和协同治理、自然恢复和人工修复、外部约束和内生动力、“双碳”承诺和自主行动五个重大关系，强调要健全美丽中国建设保障体系，打好法治、市场、科技、政策“组合拳”。生态环境标准作为落实环境保护法律法规的重要手段，更需要充分发挥其引领、规范及保障作用，更好支撑高水平保护，推动高质量发展。2023 年 9 月，习近平总书记在浙江考察时强调，以服务全国、放眼全球的视野来谋划改革，稳步扩大规则、规制、管理、标准等制度型开放。主动适应国际经贸规则重构走向，在服务业开放、数字化发展、环境保护等方面先行先试。总书记的重要讲话赋予了新时代浙江生态环境保护工作新使命新任务，也为地方生态环境标准工作标定了新方位新坐标。

3.1 面临形势

3.1.1 要推动地方标准加快发展

党的十八大以来，我国生态文明建设和生态环境保护从认识到实践发生历史性、转折性、全局性变化，污染防治攻坚战阶段性目标任务圆满完成，生态环境明显改善。生态环境工作也由环境污染控制为主向环境质量改善和环境风险防范转变，注重高水平生态环境保护、绿色高质量发展，聚焦精准治污、科学治污、依法治污。但生态环境保护结构性、根源性、趋势性压力尚未根本缓解，生态文明建设仍处于压力叠加、负重前行的关键期。与此同时，《中华人民共和国国民经济和社会发展第十四个五年规划和 2035 年远景目标纲要》对生态环境管理提出了新的、更高的要求，展望到 2035 年广泛形成绿色生产生活方式，碳排放达峰后稳中有降，生态环境根本好转，美丽中国建设目标基本实现。

生态环境部立足新发展阶段，完整、准确、全面贯彻新发展理念、构建新发展格局，围绕持续深入打好污染防治攻坚战，贯彻精准、科学、依法治污方针，坚持生态环境管理需求导向、问题导向、结果导向，持续优化完善国家环境标准体系，补齐缺项和短板；深入研究梳理和探索解决生态环境标准共性技术问题，全面提升生态环境标准体系的完整性、协调性、科学性和适用性，印发了《“十四五”生态环境标准工作方案》（环办法规〔2022〕29号），并提出了三大主要目标：

（1）继续完善国家环境标准体系

开展与美丽中国建设目标相适应的环境质量标准研究，提出标准制修订工作建议。适应持续深入打好污染防治攻坚战需求，制修订一批国家污染物排放标准，补充完善生态保护监管、碳排放核算、新污染物调查评估标准规范，健全配套监测标准、基础标准和管理技术规范。“十四五”期间发布各类环境标准300项以上，国家“十四五”重点领域标准研制见表3-1。

表3-1　国家“十四五”重点领域标准研制

重点领域	重点标准研制
碳排放核算与温室气体	1. 制修订发电、建材、钢铁、有色、石化、化工、造纸等典型行业企业温室气体排放核算与报告技术规范，制定温室气体自愿减排量审定与核查等环境管理技术规范。 2. 制修订煤层气（煤矿瓦斯）等行业大气污染物排放标准；制修订温室气体和污染物排放协同控制相关监测标准、可行技术指南
大气环境	1. 固定源：制修订玻璃、矿物棉、印刷、炼焦化学等行业排放标准，修改完善石油化学、石油炼制、合成树脂等行业排放标准。 2. 移动源：制修订非道路汽油、柴油移动机械和船舶、内燃机车排放标准
水环境	制修订农药、食品加工制造、淀粉、酵母等行业水污染物排放标准；修改城镇污水处理厂污染物排放标准
海洋环境	开展海水水质标准、海洋沉积物质量标准、海洋生物质量标准修订研究
土壤、地下水	1. 研究制定典型行业土壤污染隐患排查、土壤污染修复风险管控、绿色低碳修复及修复后期管理技术指南。 2. 制定地下水污染防治重点区划定、地下水饮用水水源补给区划定、地下水环境背景值确定等相关标准

重点领域	重点标准研制
固体废物与化学品	1. 制修订工业窑炉协同处置固体废物污染控制标准，修订生活垃圾填埋场污染控制标准。 2. 研究制定固体废物资源化利用环境风险评估技术导则
核与辐射安全	加强辐射环境、核安全文化和质量保证标准，研制核动力厂和研究堆安全标准
声与振动	1. 加快修订机场周围飞机噪声环境标准、城市区域环境振动标准。 2. 修订铁路边界噪声排放标准和建筑施工场界噪声排放标准，制定城市轨道交通噪声排放标准

（2）指导和推动地方标准加快发展

指导长江、黄河等重点流域和京津冀及周边地区等重点区域加快地方标准制修订工作。制定地方标准备案管理工作细则，提升地方标准与国家标准的协调互补水平。

（3）提高标准科研和管理水平

深入研究梳理和探索解决环境标准共性技术问题，全面提升环境标准体系的完整性、协调性、科学性和适用性。完善标准制修订工作规则，强化标准项目全过程管理。制修订一批环境基础标准，开展标准信息平台建设，促进科研成果向标准转化，持续开展标准宣传培训和重要标准评估。

3.1.2　长三角战略要求加快区域标准统一

2019 年 12 月印发的《长江三角洲区域一体化发展规划纲要》提出健全区域环境治理联动机制，加强排放标准、产品标准、环保规范和执法规范对接，联合发布统一的区域环境治理政策法规及标准规范，积极开展联动执法，创新跨区域联合监管模式。另外，“三省一市”产业结构、能源结构、生态环境保护等既有相同之处，又有较为明显的差异。生态环境保护方面都面临着大气臭氧污染总体上升、水体氮磷污染依然严峻等环境问题；产业结构方面，石化、化工、医药和先进制造业都是共同关注的重点产业，但在经济发展的需求、产业结构的定位方面有明显的差异，面临的环境问题和技术需要也有差异。

为此，长三角区域生态环境主管部门统筹减污、降碳、生态保护和环境健康，紧扣“一体化”和“高质量”，深入研究、梳理和探索解决区域环境标准共性技术问题，以生态绿色一体化发展为目标，以满足生态环境共保联治的需求为重点，研究生态环境标准一体化体系，创新一体化路径，共同起草并发布了《长三角生态环境保护标准一体化建设规划》（沪环法〔2023〕107 号），构建长三角一体化生态环境标准体系框架（图 3-1），提出到 2035 年形成 60 项以上一体化标准，并分两个阶段实施：

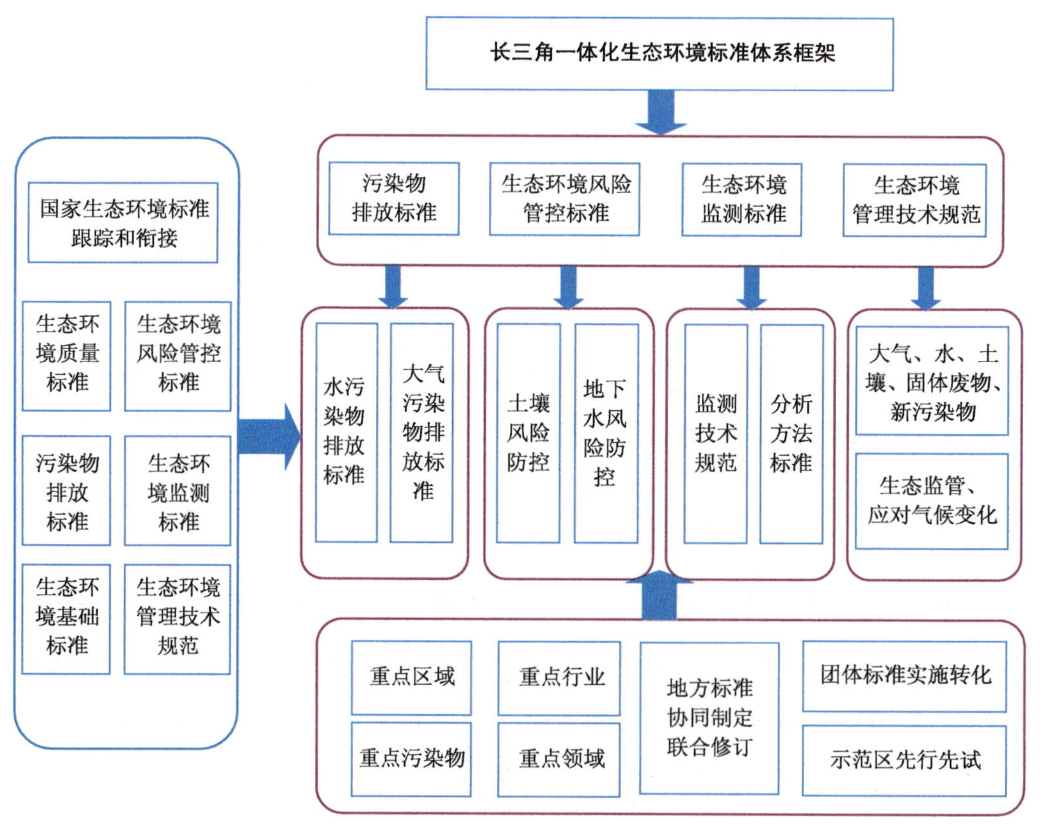

图 3-1 长三角一体化生态环境标准体系框架

第 I 阶段（2020—2025 年）：研究现有地方生态环境标准的特点，梳理共性问题，开展区域标准一体化发展战略和分类推进多元化路径、技术方法的研究，推进生态环境保护标准一体化制度建设，力争完成 25 项左右标准。

第Ⅱ阶段（2026—2035 年）：开展标准一体化工作成果实施评估，夯实生态环境标准一体化的多元化创新路径，深化完善生态环境保护标准一体化制度建设；力争增加 35 项，累计达到 60 项标准。

3.1.3　强化生态文明建设标准保障

良好生态环境是人和社会持续发展的基础，在“两个先行”“重要窗口”打造、美丽浙江以及中国式现代化建设的进程中，要牢牢把握让绿色成为浙江发展最动人色彩的要求，要把优美的生态环境作为一项基本公共服务，作为最普惠的民生福祉，坚持生态惠民、生态利民、生态为民。在新征程上生态环境保护工作将肩负着重要的历史使命。要充分发挥生态环境保护标准规范管理和技术引领的双重功能，以高质量生态环境保护标准助推高水平生态环境保护，助力打造生态文明高地和着力推进生态文明建设先行示范。

2023 年，浙江省人民政府办公厅印发了《浙江省国家标准化创新发展试点工作方案》（浙政办发〔2023〕24 号），为浙江生态环境标准工作指明了方向、明确了重点内容，其中对生态环境领域提出，要强化生态文明建设标准化保障，建立健全碳达峰碳中和标准体系，加强生态环境巩固提升标准化建设；要加快城乡区域协调发展标准化建设，促进长三角区域一体化发展；持续推进标准国际化，提升标准制度型开放水平等内容。其中，加强生态环境巩固提升标准化建设，要求统筹山水林田湖草系统治理标准化建设，推动生态可持续发展。做好生态环境保护标准与产业政策的衔接配套，加快制修订分行业分区域污染物排放、风险管控、固体废物资源化利用、农业污染管控等标准规范，健全“无废城市”标准体系。推进生态评价、监测、保护、修复以及野生动植物保护等领域标准研制和实施等。

3.1.4 地方标准建设存在的不足

浙江是属于较早开展地方标准制定的省份，已基本形成涵盖省内特色、重点行业和环境要素的地方标准体系，但对照新时期的生态环境保护工作要求，对比长三角、珠三角及其他省（市）地方生态环境标准情况，以及结合自身标准实际情况，浙江的地方生态环境标准还存在以下不足：

一是地方标准体系顶层设计仍需加强。目前，浙江生态环境标准体系构建主要是基于环境管理需求设计的，对浙江生态环境状况、生态环境质量改善的需求响应不够充分，对改善的主要制约因素的针对性还有所欠缺，对现行标准对本地产业、环境特征的适用性等剖析研判的工作基础有待夯实，地方生态环境标准体系构建在系统性上有所不足。

二是生态环境保护标准的大格局尚未形成。当前浙江生态环境标准体系仍以省级标准为主，局限于生态环境部门主管的领域。纵向，与其他层级标准的融合度不高，市级标准、县级技术性规范推广提升至省级标准的较少；横向，与承担重要生态环境保护职责相关行业主管部门制定的地方标准的衔接性、协调性不够，离形成生态环境全过程保护、全过程治理还有差距。此外，与国家标准上下协调联动、与长三角区域标准左右协同也有待加强。

三是部分领域地方标准工作供给不足。对碳达峰碳中和、生物多样性保护、生态保护与修复、新污染物治理等环境管理新领域、新职能、新任务的地方标准支撑不够。对海洋污染防治、噪声治理、核与辐射等环境要素领域存在供给不足。此外，纺织染整、工业涂装工序、生物制药、污泥土地利用等部分现行标准未能及时修订，综合型、流域型地方排放标准存在缺口；环境管理类、监测规范类的标准难以满足生态环境管理需求。

四是地方标准工作基础科研能力不强。支撑地方污染物排放标准、环境质量标准、风险管控标准的污染物环境基准等基础性研究不足；部分标准制修订过程中实测数据、科学研究成果等支撑基础不牢；部分标准实施的可行技术评估、成本效益分析不深入、不全面。标准技术支持单位的人员队伍和工作经费不足，科研支撑和项目的标准成果导向不足，制约标准工作效率和质量。

五是经验做法转化为地方标准比例不高。在生态环境保护、环境污染治理、环境监管等实践中形成的一些成熟技术、共性经验、同类方法转化为地方标准的比例不高，具有浙江辨识度的地方生态环境标准还不多。设区市受标准化思维、能力局限性的影响，对环境管理、环境治理等方面经验挖掘不充分，实践经验向标准转化明显不足。

3.2 建设思路

3.2.1 标准体系构建

为加快推进美丽中国省域先行地建设和生态文明高地打造，深入、充分发挥标准的引领和支撑作用，全面提升生态环境领域的标准化水平，助力经济社会绿色低碳高质量发展。浙江省启动地方生态环境标准体系构建研究，通过对国家、长三角区域生态环境标准系统梳理，并按照近期急需补缺口、现实可行有条件、前瞻研究作储备三个维度征集地方生态环境标准制定意向清单。

根据标准制定意向清单和工作实际需求，以减污降碳、生态环境治理、生态保护修复和治理能力建设等领域为重点，紧扣补短板，即进一步加强碳达峰碳中和、应对气候变化、生物多样性保护、新污染物治理、噪声与振动等领域地方标准研制；成体系，即构建浙江省生态环境保护标准体系框架；强特色，即突出浙江省减污降碳协同创新区、生态环境数字化改革和生态环境“大脑”建设等试点，加强各类经验做法标准化转化；重衔接，即充分衔接了《“十四五”生态环境标准工作方案》和《长三角生态环境保护标准一体化建设规划》等要求。构建了以碳达峰碳中和、污染防治攻坚、生态保护修复、生态风险防范、生态环境监管能力为重点领域的浙江省生态环境保护标准体系总体框架（图 3-2）。

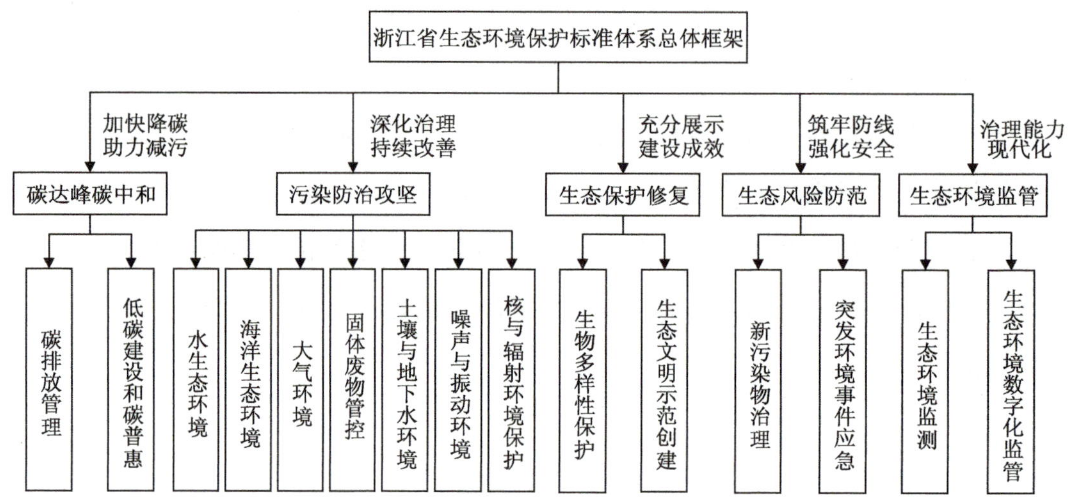

图 3-2　浙江省生态环境保护标准体系总体框架

3.2.2　重点领域标准

按照提出的生态环境标准体系框架，结合征集到的地方标准清单，以碳达峰碳中和、污染防治攻坚、生态保护修复、生态风险防范、生态环境监管等五个子体系开展地方生态环境标准研究。第一批中的 64 项地方生态环境标准拟制修订清单见附表 5，具体情况如下。

3.2.2.1　碳达峰碳中和领域

重点加强碳排放源头管理，积极推进碳减排核算、碳普惠、镇（乡）和村（社区）低碳建设，助力科学降碳。

——碳排放管理标准。加强碳排放环境准入管理，积极推进产业、园区等规划的碳排放评价指南标准的制定。聚焦产品碳足迹，加快推进产品碳足迹评价技术通则制订以及重点行业、特色产品的碳足迹核算指南标准体系建立。研究垃圾处理、生物质燃烧、油茶碳汇、毛竹林碳汇计算等具有浙江特色的碳汇方法学，推进碳市场的建设。积极探索重点行业大气污染物和温室气体协同控制、废水碳源利用等减污降碳协同效果评估方法，碳捕集、封存及再利用（CCUS）技术、生物质能-碳捕集与封存（BECCS）技术标准，如石化行业全流程的二氧化碳排放核算方法及其碳排放核算技术规范、精细化工行业减污降碳技术规范研究。

——低碳建设和碳普惠标准。加快建立健全低碳主体建设指南与评价标准体系，推进低（零）碳城镇、乡镇（街道）、村（社区）以及中小学、绿色家庭等低碳细胞的建设指南和评价标准的制定。积极推动碳普惠、碳减排量核证规范研制，推动居民屋顶光伏发电、垃圾分类，工业固体废物资源化利用、农业有机废弃物、污水资源化利用、竹制品替代等领域碳减排量核证规范制定。

3.2.2.2 污染防治攻坚领域

通过实施强制性排放标准和治理技术规范，支撑深入打好污染防治攻坚战，助力生态环境质量持续改善。

——水生态环境标准。加快优化水污染物排放体系。开展工业企业氮磷间接排放、畜禽养殖业、淡水水产养殖等地方污染物排放标准修定，并积极探索涉水重污染行业生物毒性指标排放监管和涉水新污染物控制研究。加快补齐水环境、水生态管理技术规范的短板。积极探索工业园区“污水零直排区”建设、城镇污水管网提质增效工作技术规程、重污染行业雨水排放管理指南、污染物指纹溯源技术指南、修造船污染防治可行技术指南、重点行业污水处理可行技术评估技术规范等水环境管理标准研究；加快河流、湖库生态缓冲带划定、水生态保护与修复技术指南、河湖流域水环境综合治理问题诊断技术规程等研究制定。

——海洋生态环境标准。推进海水养殖尾水排放标准制定，开展海洋污染物数字化防治（蓝色循环）标准体系研究，加快海洋塑料、海洋垃圾、海产品加工等污染防治技术规范制定，推动海洋绿色低碳发展评价指标体系、入海河流氮磷通量估算方法学研究。推进海水水质总氮、总磷评价标准研制、浙江近海海洋浮游生物分类代码、典型海域（河口与海湾）营养物水质基准等标准研制，研究浙江海域重金属和新污染物等的海洋生物水质基准。

——大气环境标准。加快大气综合、水泥、锅炉、印染、工业涂装、火电、汽修等大气污染物排放标准的制修订，积极推进重点行业 VOCs 治理、VOCs 源头替代等一批可行技术指南地方标准转化，加强 VOCs 治理操作规程供给，指导企业做好 VOCs 治理工作，重点关注涂装工序中“吸附+催化氧化”治理技术规范和石化行业利用锅炉、燃烧炉、加热炉等协同处置 VOCs 的技术规范。研究地埋式污水处理厂臭气排放标准制定。

——固体废物管控标准。以“无废城市”建设为载体加快推进固体废物污染控制标准制定，加快形成包括通则、“无废工厂”和“无废园区”等一系列的“无废城市”评价规范标准，形成具有引领示范的“无废城市”标准体系。加快推进固体废物全流程监管和资源化利用，开展工业固体废物统一收运体系建设指南、固体废物资源化利用污染防治导则、危险废物利用处置设施建设规范等标准研制，包括再生盐“点对点”利用环境风险评估技术导则等。研究危险废物鉴别检测质量控制技术规定。

——土壤与地下水环境标准。积极推进土壤风险管控标准研究，开展建设用地土壤污染风险评估、风险管控与修复工程效果评估、环境监理技术、修复过程二次污染防治及监管、治理修复+开发利用、绿色低碳修复等规范导则制定，推进修复后土壤再利用风险评估、修复后土壤安全再利用、修复后地块长期监管等相关标准研制。开展地下水污染排查、治理以及修复效果评估等规范指南研制，包括工业园区地下水环境监管体系、地下水污染在线监测和预警、地下水自动监测等技术规范。

——噪声与振动环境标准。加快推进建筑施工、工业企业、社会生活等重点领域噪声排放控制和污染防治技术规范的研制，积极探索“静音”公路、噪声烦恼度等噪声评价规范的研究制定。

——核与辐射环境保护标准。积极探索变电站厂界电、磁场排放限值研究，加快推进核电厂气溶胶放射性 γ 能谱分析方法、核事故应急设施建设、核事故应急洗消站建设、辐射安全综合评价规范以及海水中剂量率在线连续性监测规范等标准研制。

3.2.2.3 生态保护修复领域

围绕生物多样性保护、生态文明示范创建等领域，通过标准化充分展示浙江生态文明示范创建成果。

——生物多样性保护标准。加快推进生物多样性保护标准化建设，开展生物多样性调查、监测技术规范制定以及生物多样性综合评价研究。积极推进生物多样性体验地的标准化建设。加快滨海湿地鸟类、栖息地营建标准的制定；推进湿地保护与修复技术规范、海岸带生态修复与生境营造规范规程研究；推进长三角区域水利工程项目特定地域单元生态产品价值（VEP）核算标准、长三角生物多样性保护规划规程研究。

——生态文明示范创建标准。聚焦生态文明建设先行示范，开展生态文明建设实践体验地、展陈馆、“绿水青山就是金山银山”实践体验地等规范指南研制。积极推进省级生态文明建设复核评估技术导则研究。

3.2.2.4 生态风险防范领域

以新污染物治理为主要突破口，进一步管控环境风险，规范、提升环境风险防范能力，助力牢筑生态环境安全底线。

——新污染物治理标准。围绕浙江重点污染物清单，推进新污染物筛查指南、监测方法、监测技术规范等研制，探索新污染物风险评估、控制标准及其配套的管理技术规范和指南等研制，研究制定适合浙江的方法学并标准化。

——突发环境事件应急标准。开展突发环境事件隐患排查和治理工作指南规范、核设施所在县核应急准备和响应评价规范等研制，推进湖库蓝藻、海洋赤潮等打捞工作、应急应对工作规范化。

3.2.2.5 生态环境监管领域

紧抓数字化改革的契机，加快推进生态环境监管领域的标准化建设，助力现代化环境治理高地建设。

——生态环境监测标准。推进无人船水环境、VOCs 等固定污染源等监测技术规范制定，补齐地下水、温室气体、新污染物、海水水质等监测方法标准，加快治理设施工况监控、便携式监测、应急监测、建筑施工噪声、噪声自动监测、温室气体排放监测等技术规范研制。研究农田面源污染碳排放监测与评价技术指南，温室气体监测站质控质保体系技术规范，温室气体走航监测技术规范；研究固体废物露天堆场遥感监测技术规范；研究地表水水质自动监测系统运行维护与质量控制技术规范。研制环境空气质量预报、水环境质量预报，研究大气臭氧激光雷达垂直监测安装和验收技术规范，蓝藻和赤潮、固体废物、海洋等环境问题遥感排查规范。开展海洋浮游植物标准样品的制备方法研究。

——生态环境数字化监管标准。加强生态环境数据标准体系构建，推动生态环境数字化监管转型。加强数据采集、资源目录体系、分类编码规范、接入规范、共享技术规范、数据质量管理等标准研究制定，研究生态环境数据平台建设、生态环境数据质量管理规范、生态环境数据元管理规范系列、生态环境数据交换技术规范等。强化各要素领域监测数据库规范化、标准化建设，加强各类生态环境数据融合、预测预警判断、智慧环保等规范化应用。

3.3 对策建议

3.3.1 加强基础研究

不断提升标准制修订科研水平，制修订中注重多目标、多污染物、多环境介质、跨区域流域协同性，加强成本效益分析中的能耗与环境效益分析，加快推进标准支撑技术的本地化基础研究，有效运用环境健康、环境基准等试点研究成果；面向美丽浙江建设目标，开展标准体系与社会经济发展的协调性、适应性研究。进一步完善地方生态环境标准前期研究和实施评估工作，鼓励和推进以科研项目形式加强标准的前期研究储备和实施效益评估分析。鼓励社会团体、企业推进相关领域团体标准先行制定、先行试点，积极探索团体标准向地方标准升级转化。

3.3.2　加大经费投入

积极鼓励和引导社会各界加大生态环境领域标准化工作投入，建立市场化、多元化的标准化经费保障和投入机制。针对大气、水、海洋、土壤、固体废物、化学品、核与辐射安全、声与振动、自然生态、应对气候变化等重点领域，以及生态环境基准、监测分析方法、风险评估、标准实施绩效评估等基础领域，通过科研项目、专项工作经费等渠道，加强经费支撑。着力发挥标准对相关产业的促进作用，形成以标准促进产业、产业反哺标准的良性循环。

3.3.3　强化组织体系

要鼓励、支持各类高校、科研单位及重点企业，参与生态环境标准工作，充分发挥各类社会力量在生态环境标准制修订工作中的作用。充分发挥省环标委“智库”作用，加强对相关标准编制单位的指导，协助做好全省生态环境标准管理工作，省环科院作为省环标委秘书处承担单位，要加大对生态环境标准工作的支持。充分发挥直属科研机构在要素领域、业务领域的科研优势，加大对生态环境标准工作的资源配置，推动科研成果及时向标准转化。充分调动市、县级主导参与制定地方标准的积极性，发挥好基层在环境管理中的首创精神。

3.3.4　深化试点建设

结合地方实际和产业发展特征，持续推进标准创新试点项目，围绕建设面向美丽浙江目标的标准体系，持续推进具有特色性、创新性、紧迫性和可复制性的试点项目建设，加快基层生态环境治理、环境管理的经验做法向标准转化，推动生态环境标准与产业、公共社会事业的深度融合与创新互动发展，更好支撑服务生态环境管理和产业绿色低碳转型。

附　录

生态环境标准概述

1　概念与分类

根据《生态环境标准管理办法》（生态环境部令　第 17 号），生态环境标准是指由国务院生态环境主管部门和省级人民政府依法制定的生态环境保护工作中需要统一的各项技术要求。其是生态环境法律规范体系的重要组成部分，是确定生态环境保护目标、评价生态环境质量、制定生态环境保护规划、推进污染减排、防范环境风险、开展环境监测执法和环境应急预警等各项生态环境管理工作的依据、标尺和规范。

按制定主体可分为国家生态环境标准和地方生态环境标准两个级别；按作用定位可分为生态环境质量标准、生态环境风险管控标准、污染物排放标准、生态环境监测标准、生态环境基础标准、生态环境管理技术规范等六大类别，即构成了我国“两级六类”生态环境标准体系，见图 1。

其中，国家生态环境标准包括国家生态环境质量标准、国家生态环境风险管控标准、国家污染物排放标准、国家生态环境监测标准、国家生态环境基础标准和国家生态环境管理技术规范等六大类别，其可在全国范围或者标准指定区域范围执行。截至 2023 年 12 月，国家生态环境质量标准 16 项，国家生态环境风险管控标准 2 项，国家污染物排放标准 180 项，国家生态环境监测标准 1 395 项，国家生态环境基础标准 50 项，国家生态环境管理技术规范 755 项。

地方生态环境标准包括地方生态环境质量标准、地方生态环境风险管控标准、地方污染物排放标准和地方其他生态环境标准等四大类别，其可在发布该标准的省、自治区、直辖市行政区域范围或者标准指定区域范围执行。

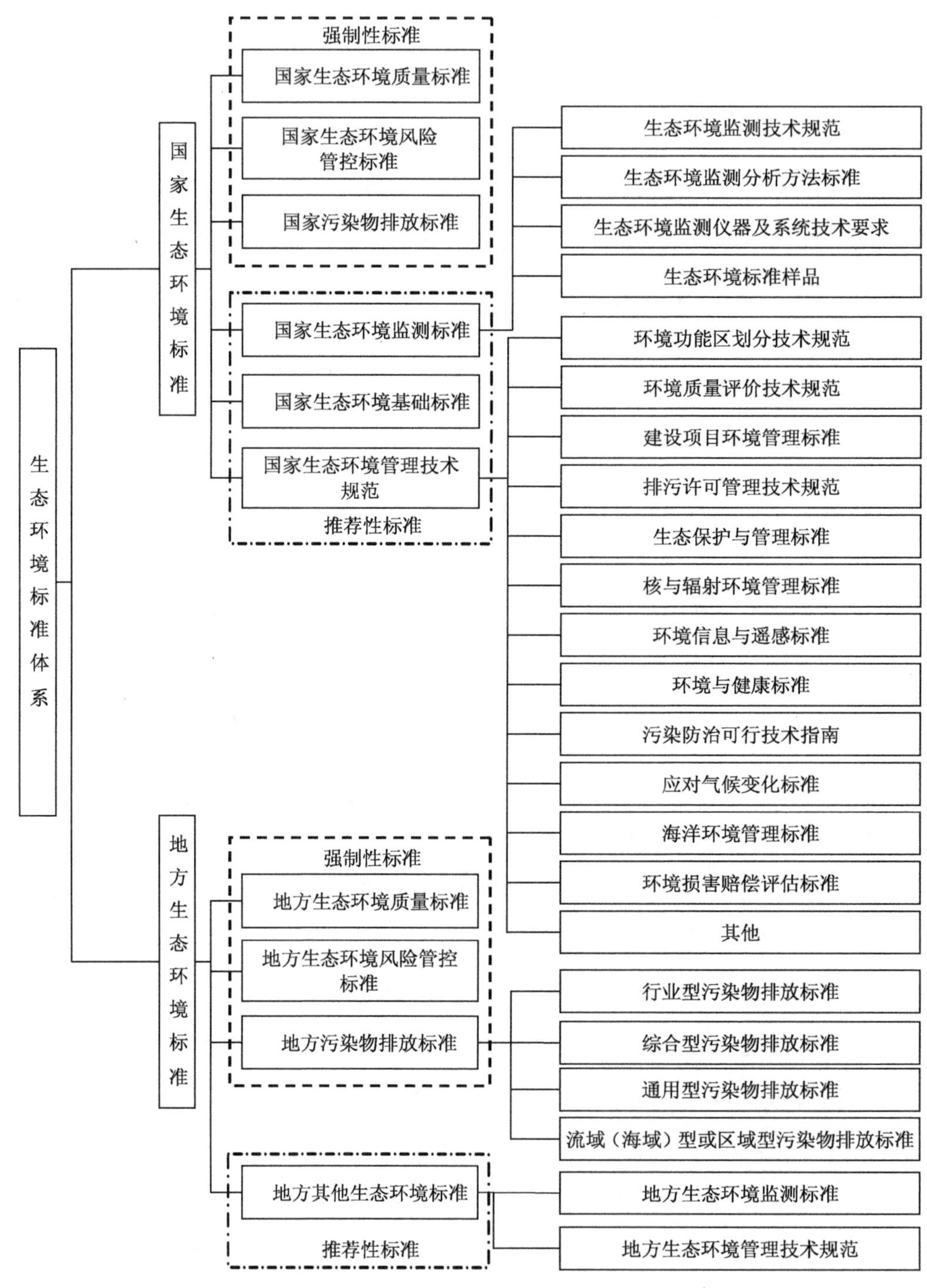

图 1　我国的生态环境标准体系

各类生态环境标准的作用定位见表 1。

表 1　各类生态环境标准的作用定位

标准类别	作用定位
生态环境质量标准	为保护生态环境，保障公众健康，增进民生福祉，促进经济社会可持续发展，限制环境中有害物质和因素
生态环境风险管控标准	为保护生态环境，保障公众健康，推进生态环境风险筛查与分类管理，维护生态环境安全，控制生态环境中的有害物质和因素
污染物排放标准	为改善生态环境质量，控制排入环境中的污染物或者其他有害因素
生态环境监测标准	为监测生态环境质量和污染物排放情况，开展达标评定和风险筛查与管控
生态环境基础标准	为统一规范生态环境标准的制订技术工作和生态环境管理工作中具有通用指导意义的技术要求

另外，按实施性质生态环境标准可分为强制性标准和推荐性标准。其中，生态环境质量标准、生态环境风险管控标准、污染物排放标准和法律法规规定强制执行的其他生态环境标准，以强制性标准的形式发布。法律法规未规定强制执行的生态环境标准，以推荐性标准的形式发布。强制性生态环境标准必须执行；推荐性生态环境标准被强制性生态环境标准或者规章、行政规范性文件引用并赋予其强制执行效力的，被引用的内容必须执行，推荐性生态环境标准本身的法律效力不变。

六大类的生态环境标准结合大气、水、土壤、固体废物、核与辐射安全、声与振动等环境要素、生态环境管理需求等，可细分为若干具体类型，见表 2。

表 2　六大类标准具体分类

大类	具体分类
生态环境质量标准	大气环境质量标准、水环境质量标准、海洋环境质量标准、声环境质量标准、核与辐射安全基本标准
生态环境风险管控标准	土壤污染风险管控标准、其他环境风险管控标准

大类	具体分类
污染物排放标准	大气污染物排放标准、水污染物排放标准、固体废物污染控制标准、环境噪声排放控制标准、放射性污染防治标准
生态环境监测标准	生态环境监测技术规范、生态环境监测分析方法标准、生态环境监测仪器及系统技术要求、生态环境标准样品
生态环境基础标准	生态环境标准制订技术导则、生态环境通用术语、图形符号、编码和代号（代码）及其相应的编制规则
生态环境管理技术规范	大气、水、海洋、土壤、固体废物、化学品、核与辐射安全、声与振动、自然生态、应对气候变化等领域的管理技术指南、导则、规程、规范

其中，水和大气污染物排放标准根据适用对象可分为行业型、综合型、通用型、流域（海域）或者区域型污染物排放标准。各类别排放标准适用对象情况见表 3。

表 3　各类别排放标准适用对象

排放标准类别	适用对象
行业型	适用于特定行业或者产品污染源的排放控制
综合型	适用于行业型污染物排放标准适用范围以外的其他行业污染源的排放控制
通用型	适用于跨行业通用生产工艺、设备、操作过程或者特定污染物、特定排放方式的排放控制
流域（海域）或者区域型	适用于特定流域（海域）或者区域范围内的污染源排放控制

上述污染物排放标准按照下列顺序执行：

——同属国家污染物排放标准：行业型污染物排放标准优先于综合型和通用型污染物排放标准；行业型或者综合型污染物排放标准未规定的项目，应当执行通用型污染物排放标准的相关规定。

——同属地方污染物排放标准：流域（海域）或者区域型污染物排放标准优先于行业型污染物排放标准，行业型污染物排放标准优先于综合型和通用型污染物排放标准。流域（海域）或者区域型污染物排放标准未规定的项目，应当执行行业型或者综合型污染物排放标准的相关规定；流域（海域）或者区域型、行业型或者综合型污染物排放标准均未规定的项目，应当执行通用型污染物排放标准的相关规定。

——地方污染物与国家污染物排放标准：地方污染物排放标准优先于国家污染物排放标准；地方污染物排放标准未规定的项目，应当执行国家污染物排放标准的相关规定。

2　制定主体、程序、内容和原则

2.1　制定主体和程序

国家生态环境标准由国务院生态环境主管部门依法制定、组织实施和评估实施情况。国务院生态环境主管部门同时开展地方生态环境标准备案并指导地方生态环境标准管理工作。

地方生态环境标准涉及强制性的，包括地方生态环境质量标准、地方生态环境风险管控标准和地方污染物排放标准等三大类别，由省级人民政府依法制定，并报国务院生态环境主管部门备案，其中机动车等移动源大气污染物排放标准由国务院生态环境主管部门统一制定。涉及推荐性的，包括地方其他生态环境标准（如监测标准、管理技术规范）由地方各级生态环境主管部门在各自职责范围内组织制定并实施。

制定国家生态环境标准，应当根据生态环境保护需求编制标准项目计划，组织相关事业单位、行业协会、科研机构或者高等院校等开展标准起草工作，广泛征求国家有关部门、地方政府及相关部门、行业协会、企业事业单位和公众等方面的意见，并组织专家进行审查和论证。具体工作程序按照《国家生态环境标准制修订工作规则》（国环规法规〔2020〕4 号）执行。

制定地方生态环境标准可参照执行国家生态环境标准制定程序。浙江省的省级地方标准制修订可参考《关于加强省地方标准制修订工作的通知》（浙市监函〔2021〕267 号），省级生态环境标准按照《浙江省生态环境厅地方生态环境标准管理工作规定》执行。

2.2 制定内容和原则

生态环境部对生态环境质量标准、生态环境风险管控标准、污染物排放标准以及生态环境监测标准等四大类别标准的内容进行了规定，见表 4。

表 4 四大类别生态环境标准的内容要求

<table>
<tr><th colspan="2">类别</th><th>内容要求</th></tr>
<tr><td colspan="2">生态环境
质量标准</td><td>（1）功能分类；
（2）控制项目及限值规定；
（3）监测要求；
（4）生态环境质量评价方法；
（5）标准实施与监督等</td></tr>
<tr><td colspan="2">生态环境
风险管控标准</td><td>（1）功能分类；
（2）控制项目及风险管控值规定；
（3）监测要求；
（4）风险管控值使用规则；
（5）标准实施与监督等</td></tr>
<tr><td colspan="2">污染物排放标准</td><td>（1）适用的排放控制对象、排放方式、排放去向等情形；
（2）排放控制项目、指标、限值和监测位置等要求，以及必要的技术和管理措施要求；
（3）适用的监测技术规范、监测分析方法、核算方法及其记录要求；
（4）达标判定要求；
（5）标准实施与监督等</td></tr>
<tr><td rowspan="3">生态环境监测标准</td><td>生态环境监测技术规范</td><td>（1）监测方案制定；
（2）布点采样；
（3）监测项目与分析方法；
（4）数据分析与报告；
（5）监测质量保证与质量控制等</td></tr>
<tr><td>生态环境监测分析方法标准</td><td>（1）试剂材料；
（2）仪器与设备；
（3）样品；
（4）测定操作步骤；
（5）结果表示等</td></tr>
<tr><td>生态环境监测仪器及系统技术要求</td><td>（1）测定范围；
（2）性能要求；
（3）检验方法；
（4）操作说明及校验等</td></tr>
</table>

制定生态环境标准，应当遵循合法合规、体系协调、科学可行、程序规范等原则。

2.2.1 制定时应遵守“五不得”

（1）不得增加法律法规规定之外的行政权力事项或者减少法定职责；

（2）不得设定行政许可、行政处罚、行政强制等事项，增加办理行政许可事项的条件，规定出具循环证明、重复证明、无谓证明的内容；

（3）不得违法减损公民、法人和其他组织的合法权益或者增加其义务；

（4）不得超越职权规定应由市场调节、企业和社会自律、公民自我管理的事项；

（5）不得违法制定含有排除或者限制公平竞争内容的措施，违法干预或者影响市场主体正常生产经营活动，违法设置市场准入和退出条件等。

2.2.2 生态环境标准中“四不得”

（1）不得规定采用特定企业的技术、产品和服务；

（2）不得出现特定企业的商标名称；

（3）不得规定采用尚在保护期内的专利技术和配方不公开的试剂；

（4）不得规定使用国家明令禁止或者淘汰使用的试剂。

此外，《生态环境标准管理办法》对六大类别生态环境标准分别提出了制定的具体原则，同时生态环境部也以行业标准的形式发布了相关制订技术导则，以更好指导相关标准制定，见表 5。

表 5 各类别生态环境标准制定具体原则和技术导则情况

类别	具体原则	技术导则
生态环境质量标准	应当反映生态环境质量特征，以生态环境基准研究成果为依据，与经济社会发展和公众生态环境质量需求相适应，科学合理确定生态环境保护目标	—

类别	具体原则	技术导则
生态环境风险管控标准	应当根据环境污染状况、公众健康风险、生态环境风险、环境背景值和生态环境基准研究成果等因素，区分不同保护对象和用途功能，科学合理确定风险管控要求	—
污染物排放标准	（1）制定行业型或者综合型污染物排放标准，应当反映所管控行业的污染物排放特征，以行业污染防治可行技术和可接受生态环境风险为主要依据，科学合理确定污染物排放控制要求。 （2）制定通用型污染物排放标准，应当针对所管控的通用生产工艺、设备、操作过程的污染物排放特征，或者特定污染物、特定排放方式的排放特征，以污染防治可行技术、可接受生态环境风险、感官阈值等为主要依据，科学合理确定污染物排放控制要求。 （3）制定流域（海域）或者区域型污染物排放标准，应当围绕改善生态环境质量、防范生态环境风险、促进转型发展，在国家污染物排放标准基础上作出补充规定或者更加严格的规定	（1）《国家大气污染物排放标准制订技术导则》（HJ 945.1—2018） （2）《国家水污染物排放标准制订技术导则》（HJ 945.2—2018） （3）《流域水污染物排放标准制订技术导则》（HJ 945.3—2020） （4）《国家移动源大气污染物排放标准制订技术导则》（HJ 1228—2021） （5）《制订地方水污染物排放标准的技术原则和方法》（GB 3839—1983） （6）《制定地方大气污染物排放标准的技术方法》（GB/T 3840—1991） （7）《地方水产养殖业水污染物排放控制标准制订技术导则》（HJ 1217—2023）
生态环境监测标准	应当配套支持生态环境质量标准、生态环境风险管控标准、污染物排放标准的制定和实施，以及优先控制化学品环境管理、国际履约等生态环境管理及监督执法需求，采用稳定可靠且经过验证的方法，在保证标准的科学性、合理性、普遍适用性的前提下提高便捷性，易于推广使用	（1）《环境标准样品研复制技术规范》（HJ 173—2017） （2）《环境监测分析方法标准制订技术导则》（HJ 168—2020）
生态环境基础标准	（1）制定生态环境标准制订技术导则，应当明确标准的定位、基本原则、技术路线、技术方法和要求，以及对标准文本及编制说明等材料的内容和格式要求。 （2）制定生态环境通用术语、图形符号、编码和代号（代码）编制规则等，应当借鉴国际标准和国内标准的相关规定，做到准确、通用、可辨识，力求简洁易懂	—

类别	具体原则	技术导则
生态环境管理技术规范	应当有明确的生态环境管理需求，内容科学合理，针对性和可操作性强，有利于规范生态环境管理工作	（1）《环境标志产品技术要求 编制技术导则》（HJ 454—2009） （2）《清洁生产审核指南 制订技术导则》（HJ 469—2009） （3）《环境工程技术规范制订技术导则》（HJ 526—2010） （4）《污染防治可行技术指南编制导则》（HJ 2300—2018）

3　标准实施评估

为掌握生态环境标准实际执行情况及存在的问题，提升生态环境标准科学性、系统性、适用性，标准制定机关应当根据生态环境和经济社会发展形势，结合相关科学技术进展和实际工作需要，组织评估生态环境标准实施情况，并根据评估结果对标准适时进行修订。

不同类别生态环境标准实施评估要求见表 6。

表 6　不同类别生态环境标准实施评估要求

类别	实施评估要求
生态环境质量标准	应当依据生态环境基准研究进展，针对生态环境质量特征的演变，评估标准技术内容的科学合理性
生态环境风险管控标准	应当依据环境背景值、生态环境基准和环境风险评估研究进展，针对环境风险特征的演变，评估标准风险管控要求的科学合理性
污染物排放标准	应当关注标准实施中普遍反映的问题，重点评估标准规定内容的执行情况，论证污染控制项目、排放限值等设置的合理性，分析标准实施的生态环境效益、经济成本、达标技术和达标率，开展影响标准实施的制约因素分析并提出解决建议
生态环境监测标准、生态环境管理技术规范	应当结合标准使用过程中反馈的问题、建议和相关技术手段的发展，重点评估标准规定内容的适用性和科学性，以及与生态环境质量标准、生态环境风险管控标准和污染物排放标准的协调性

附　件

附表 1

浙江省级生态环境标准清单

序号	年份	标准编号	标准名称	标准类型	备注
1	2001	浙 DHJB 1	浙江省造纸工业（废纸类）水污染物排放标准	污染物排放标准	已废止
2	2003	DB33/ 392	蚕桑区桑叶氟化物含量控制标准	生态环境质量标准	已废止
3	2005	DB33/ 593	畜禽养殖业污染物排放标准	污染物排放标准	现行
4	2005	DB33/T 558	浙江省农产品产地环境质量安全标准	生态环境质量标准	已废止
5	2008	DB33/ 660	在用点燃式发动机轻型汽车简易瞬态工况法排气污染物排放限值	污染物排放标准	已废止
6	2011	DB33/ 843	在用压燃式发动机汽车加载减速法排气烟度排放限值	污染物排放标准	已废止
7	2011	DB33/ 844	酸洗废水排放总铁浓度限值	污染物排放标准	现行
8	2012	DB33/T 868	农村生活污水处理技术规范	生态环境管理技术规范	已废止
9	2013	DB33/T 891	污泥土地利用技术规范	生态环境管理技术规范	现行
10	2013	DB33/T 892	污染场地风险评估技术导则	生态环境管理技术规范	已修订
11	2013	DB33/ 887	工业企业废水氮、磷污染物间接排放限值	污染物排放标准	现行
12	2014	DB33/ 923	生物制药工业污染物排放标准	污染物排放标准	现行
13	2015	DB33/ 962	纺织染整工业大气污染物排放标准	污染物排放标准	现行

序号	年份	标准编号	标准名称	标准类型	备注
14	2015	DB33/ 973	农村生活污水处理设施水污染物排放标准	污染物排放标准	已修订
15	2016	DB33/ 2015	化学合成类制药工业大气污染物排放标准	污染物排放标准	已修订
16	2017	DB33/ 2046	制鞋工业大气污染物排放标准	污染物排放标准	现行
17	2018	DB33/T 2128	污染地块治理修复工程效果评估技术规范	生态环境管理技术规范	现行
18	2018	DB33/T 2167	燃煤电厂固定污染源废气低浓度排放监测技术规范	生态环境监测标准	现行
19	2018	DB33/ 2146	工业涂装工序大气污染物排放标准	污染物排放标准	现行
20	2018	DB33/ 2147	燃煤电厂大气污染物排放标准	污染物排放标准	现行
21	2018	DB33/ 2169	城镇污水处理厂主要水污染物排放标准	污染物排放标准	现行
22	2020	DB33/ 2260	电镀水污染物排放标准	污染物排放标准	现行
23	2021	DB33/T 2377	农村生活污水户用处理设备水污染物排放要求	生态环境管理技术规范	现行
24	2021	DB33/T 2316	环境保护设施公众开放导则	生态环境管理技术规范	现行
25	2021	DB33/T 310007	设备泄漏挥发性有机物排放控制技术规范	生态环境管理技术规范	现行
26	2021	DB33/T 310002	长三角生态绿色一体化发展示范区挥发性有机物走航监测技术规范	生态环境监测标准	现行
27	2021	DB33/T 310003	长三角生态绿色一体化发展示范区固定污染源废气现场监测技术规范	生态环境监测标准	现行
28	2021	DB33/T 310004	长三角生态绿色一体化发展示范区环境空气质量预报技术规范	生态环境监测标准	现行
29	2021	DB33/T 310006	大气超级站质控质保体系技术规范	生态环境监测标准	现行

序号	年份	标准编号	标准名称	标准类型	备注
30	2021	DB33/ 973	农村生活污水集中处理设施水污染物排放标准	污染物排放标准	现行
31	2021	DB33/ 310005	制药工业大气污染物排放标准	污染物排放标准	现行
32	2022	DB33/T 892	建设用地土壤污染风险评估技术导则	生态环境管理技术规范	现行
33	2022	DB33/T 2450.1	城镇“污水零直排区”建设技术规范 第 1 部分：总则	生态环境管理技术规范	现行
		DB33/T 2450.2	城镇“污水零直排区”建设技术规范 第 2 部分：排查		
		DB33/T 2450.3	城镇“污水零直排区”建设技术规范 第 3 部分：设计与施工		
		DB33/T 2450.4	城镇“污水零直排区”建设技术规范 第 4 部分：评估与验收		
		DB33/T 2450.5	城镇“污水零直排区”建设技术规范 第 5 部分：运行维护		
34	2022	DB33/T 2553	电磁辐射环境自动监测技术规范	生态环境监测标准	现行
35	2022	DB33/ 2563	化学纤维工业大气污染物排放标准	污染物排放标准	现行
36	2023	DB33/T 2567	道路突发事故液态污染物应急收集系统技术规范	生态环境管理技术规范	现行
37	2023	DB33/T 310014	固定污染源废气氯气的测定离子色谱法	生态环境监测标准	现行
38	2023	DB33/T 310015	环境空气气态污染物（SO_2、NO_2、NO、O_3、CO）传感器法自动监测系统技术要求及检测方法	生态环境监测标准	现行
39	2023	DB33/T 310016	工业园区挥发性有机物传感器法网格化监测技术规范	生态环境监测标准	现行
40	2023	DB33/ 1346	水泥工业大气污染物排放标准	污染物排放标准	现行

附表 2

浙江各设区市（含县级）发布的生态环境标准清单

序号	设区市	标准	领域
1	杭州	生态文明教育基地建设与运行规范（DB3301/T 0424—2023）	环境管理
2	杭州	杭州市锅炉大气污染物排放标准（DB3301/T 0250—2018）（废止）	大气环境
3	杭州	餐饮服务业大气污染物排放标准（DB3301/T 0335—2021）（废止）	大气环境
4	杭州	扬尘排放控制标准（DB3301/T 0336—2021）（废止）	大气环境
5	杭州	固定污染源大气污染物综合排放标准（DB3301/T 0337—2021）（废止）	大气环境
6	杭州	重点工业企业挥发性有机物排放标准（DB3301/T 0277—2018）（废止）	大气环境
7	杭州	生态文明建设示范基地创建规范（DB3301/T 0172—2018）（废止）	环境管理
8	温州	生态环境志愿服务组织建设及服务规范（DB3303/T 047—2022）	环境管理
9	温州	民间河长工作规范（DB3303/T 048—2022）	环境管理
10	嘉兴	畜禽养殖污染防治与管理规范（DJG330424/T 42—2021）	环境管理
11	嘉兴	水环境治理和维护规范（DJG330424/T 44—2021）	水环境
12	嘉兴	低碳村（社区）评价规范（DJG330481/T 35—2023）	碳排放

序号	设区市	标准	领域
13	嘉兴	挥发性有机物活性炭分散吸附-集中再生全过程使用和管理技术规范（DJG330424/T 72—2023）	大气环境
14	湖州	污水零直排区建设与管理规范　第 1 部分：总则（DB3305/T 114.1—2019）	水环境
		污水零直排区建设与管理规范　第 2 部分：工业园区（DB3305/T 114.2—2019）	
		污水零直排区建设与管理规范　第 3 部分：住宅小区（DB3305/T 114.3—2019）	
		污水零直排区建设与管理规范　第 4 部分：其他区域（DB3305/T 114.4—2019）	
15	湖州	环境污染责任保险风险评估技术规范（DB3305/T 104—2019）	环境管理
16	湖州	绿水青山就是金山银山　价值转化实现路径技术导则（DB3305/T 196—2021）	生态
17	湖州	绿水青山就是金山银山　生态资源数字化建设与应用指南（DB3305/T 197—2021）	生态
18	湖州	绿水青山就是金山银山　绿色生活评价通则（DB3305/T 224—2022）	生态
19	湖州	区域绿色低碳创新示范建设规范（DB3305/T 286—2023）	碳排放
20	湖州	生物多样性保护与可持续发展利用基地评价规范（DB3305/T 292—2023）	生态
21	湖州	电梯绿色生产　低挥发性有机化合物含量涂料源头替代及废气治理技术规范（DJG330503/T 25—2022）	大气环境
22	湖州	木业绿色生产　低挥发性有机化合物含量原料源头替代及废气治理技术规范（DB330503/T 18—2021）	大气环境
23	湖州	生态建设项目生物多样性保护成效评估技术规范（DJG330521/T 91—2023）	生态
24	湖州	绿色低碳乡村民宿建设和评价规范（DJG330522/T 101—2022）	碳排放
25	湖州	“无废城市”建设指南（DJG330523/T 046—2022）	固体废物

序号	设区市	标准	领域
26	湖州	美丽乡村农村生活污水治理设施运行维护管理规范（DJG330523/T 026—2021）	水环境
27	湖州	乡村绿色治理指南（DJG330523/T 003—2021）	环境管理
28	湖州	绿色乡镇建设指南（DJG330523/T 030—2021）	环境管理
29	绍兴	土壤样品制备实验室建设规范（DB3306/T 039—2021）	环境管理
30	金华	农村生态洗衣房建设和管理规范（DB3307/T 86—2018）	水环境
31	衢州	工业企业碳账户碳排放核算与评价指南（DB3308/T 095—2021）	碳排放
32	丽水	环境空气质量健康指数（AQHI）技术规定（DB3311/T 147—2020）	大气环境
33	丽水	生态产品价值核算指南（DB3311/T 139—2020）	生态
34	丽水	生物多样性公众科普示范区建设与评价（DB3311/T 246—2023）	生态
35	丽水	生态环境康养指数（EHPI）技术规定（DB3311/T 248—2023）	环境管理

附表 3

与生态环境保护密切相关的地方标准清单

序号	标准名称	领域
1	美丽河湖建设规范 （DB33/T 614—2023）	水环境
2	河湖水库清淤技术规程 （DB33/T 1337—2023）	水环境
3	农村生活污水处理设施污水排入标准 （DB33/T 1196—2020）	水环境
4	农村生活污水处理设施建设和改造技术规程 （DB33/T 1199—2020）	水环境
5	农村生活污水处理设施标准化运维评价标准 （DB33/T 1212—2020）	水环境
6	农村生活污水水质化验室技术规程 （DB33/T 1257—2021）	水环境
7	城镇排水管道运行与维护技术规程 （DB33/T 1124—2016）	水环境
8	城镇污水处理厂运行质量控制标准 （DB33/T 1213—2020）	水环境
9	城镇雨污分流改造技术规程 （DB33/T 1234—2021）	水环境
10	城镇供排水管网智能化技术标准 （DBJ33/T 1279—2022）	水环境
11	人工湿地处理分散点源污水工程技术规程 （DB33/T 2371—2021）	水环境
12	农田面源污染控制氮磷生态拦截沟渠系统建设规范 （DB33/T 2329—2021）	水环境

序号	标准名称	领域
13	规模化蛋鸭场兽用抗菌药使用减量化管理规范（DB33/T 2332—2021）	水环境
14	水稻、小麦、油菜区域施肥用量要求（DB33/T 2521—2022）	水环境
15	水产养殖消毒剂使用技术规范（DB33/T 721—2008）	水环境
16	水产养殖池塘建设技术规范（DB33/T 908—2013）	水环境
17	常用水产养殖微生物制剂使用技术规范（DB33/T 722—2017）	水环境
18	淡水池塘养殖尾水处理技术规范（DB33/T 2288—2020）	水环境
19	船舶水污染物内河接收设施配置规范（DB33/T 310001—2020）	水环境
20	内河船舶水污染物管理规范（DB33/T 2520—2022）	水环境
21	污水处理管理和服务规范（DB3301/T 0185—2018）	水环境
22	主要作物化肥定额制施用限量标准（DB3301/T 1117—2022）	水环境
23	水产养殖池塘改造建设规范（DB3302/T 059—2018）	水环境
24	水产养殖场管理规范（DB3302/T 079—2018）	水环境
25	海水集约化对虾大棚养殖尾水生态处理技术规范（DB3302/T 180—2018）	水环境
26	单季晚稻化肥减量施用技术规程（DB3302/T 199—2021）	水环境
27	水稻生产中化学农药减量技术规范（DB3302/T 203—2021）	水环境

序号	标准名称	领域
28	海水池塘养殖尾水“藻贝植”处理技术规范（DB3302/T 206—2023）	水环境
29	海马齿浮床净化养殖尾水技术规范（DB3302/T 205—2023）	水环境
30	农村生活污水处理设施运维技术规范（DB3304/T 069—2021）	水环境
31	稻田退水“零直排”工程建设规范（DB3304/T 087—2022）	水环境
32	内河散货码头防污染设施建设和管理规范（DB3305/T 116—2019）	水环境
33	内河船舶生活污水转移处置规范（DB3305/T 128—2019）	水环境
34	主要农作物化肥施用定额规范（DB3305/T 225—2022）	水环境
35	主要农作物化肥定额（DJG330522/T 091—2021）	水环境
36	衢州市河道生态治理导则（DB3308/T 026—2015）	水环境
37	“污水零直排区”建设与管理规范（DJG331082/T 65—2020）	水环境
38	山区河湖健康评估技术规范（DB3311/T 222—2022）	水环境
39	农村生活污水治理设施运行维护技术规范（DB3311/T 77—2018）	水环境
40	空气负（氧）离子观测与评价技术规范（DB33/T 2226—2019）	大气环境
41	建设工程施工扬尘控制技术标准（DB33/T 1203—2020）	大气环境
42	餐饮业专用烟道加装实施规范（DB3305/T 193—2021）	大气环境

序号	标准名称	领域
43	餐厨垃圾资源化利用技术规程 （DB33/T 1180—2019）	固体废物
44	城镇绿化废弃物资源化利用技术规程 （DB33/T 1183—2019）	固体废物
45	城镇生活垃圾处理技术规程 （DB33/T 1185—2019）	固体废物
46	城镇生活垃圾分类工作指南 （DB33/T 2284—2020）	固体废物
47	城镇易腐垃圾资源化处理工程运营评价规范 （DB33/T 1341—2023）	固体废物
48	农村生活垃圾分类处理规范 （DB33/T 2091—2018）	固体废物
49	农村易腐垃圾厌氧产沼处理技术规范 （DB33/T 2314—2021）	固体废物
50	家蝇蝇蛆资源化处理猪粪技术规范 （DB33/T 2149—2018）	固体废物
51	畜禽粪污异位生物发酵床处理技术规范 （DB33/T 2344—2021）	固体废物
52	沼液施用与生态消纳技术规范 （DB33/T 2376—2021）	固体废物
53	畜禽粪便收集处理中心建设规范 （DB33/T 2518—2022）	固体废物
54	城市生活垃圾集中处置服务规范 （DB3301/T 0187—2018）	固体废物
55	农村生活垃圾阳光房处理技术与管理规范 （DB3301/T 0261—2018）	固体废物
56	易腐垃圾就地处置管理规范 （DB3301/T 0309—2020）	固体废物
57	装修垃圾收运处置管理规范 （DB3301/T 0415—2023）	固体废物

序号	标准名称	领域
58	城市生活垃圾分类收集运输规范（DB3302/T 1099—2018）	固体废物
59	建筑垃圾运输管理规范（DB3302/T 1130—2022）	固体废物
60	建筑垃圾收运处置规范（DB3303/T 056—2022）	固体废物
61	芦笋秸秆肥料化和饲料化综合利用技术规范（DB3304/T 063—2021）	固体废物
62	规模化养猪场排泄物综合利用猪粪—育蛆—有机肥生产链操作技术规程（DJG330483/T 040—2021）	固体废物
63	死亡动物无害化处理规范（DJG330424/T 43—2021）	固体废物
64	农村餐厨垃圾资源化处理指南（DJG330523/T 012—2021）	固体废物
65	废弃泥浆再生利用规范（DB3306/T 031—2020）	固体废物
66	芦笋设施栽培与秸秆资源化利用技术规程（DB3308/T 129—2022）	固体废物
67	建筑泥浆固化处置服务规范（DB3310/T 46—2018）	固体废物
68	西兰花加工废弃物无害化处理技术规程（DB3310/T 94—2022）	固体废物
69	医疗机构医疗废物收集暂存规范（DB3311/T 237—2023）	固体废物
70	土地质量地质调查规范（DB33/T 2224—2019）	土壤
71	土壤阳离子交换量的测定（DB33/T 966—2015）	土壤
72	酸性土壤改良技术规范（DB3301/T 1123—2023）	土壤

序号	标准名称	领域
73	沼液喷灌技术规程 （DB3302/T 157—2018）	土壤
74	耕地质量监测技术规程 （DB3302/T 181—2018）	土壤
75	土壤样品制备实验室建设规范 （DB3306/T 039—2021）	土壤
76	茭白田土壤酸化改良技术规程 （DB3311/T 209—2022）	土壤
77	生态系统生产总值（GEP）核算技术规范陆域生态系统 （DB33/T 2274—2020）	生态
78	海洋生态适宜性评价技术指南 （DB33/T 2367—2021）	生态
79	海岸线整治修复评估技术规程 （DB33/T 2368—2021）	生态
80	森林生态廊道规划设计导则 （DB33/T 2534—2022）	生态
81	自然保护地勘界立标规范　第 1 部分：通用要求 （DB33/T 2532.1—2022）	生态
82	毛竹林扩张控制技术规程 （DB33/T 2533—2022）	生态
83	珍稀濒危野生植物保护与利用技术指南　第 1 部分：总则 （DB33/T 2509.1—2022）	生态
84	湿地公园生态管理技术规范 （DB33/T 2093—2018）	生态
85	滨海湿地水鸟栖息地恢复技术规程 （DB33/T 2504—2022）	生态
86	重金属污染立地生态修复林营建技术规程 （DB33/T 2401—2021）	生态
87	库区裸露边坡植被生态恢复技术规程 （DB33/T 2525—2022）	生态

序号	标准名称	领域
88	杉木林阔叶化近自然改造技术规程 （DB33/T 2461—2022）	生态
89	陆生野生动物红外相机监测技术规程 （DB33/T 2516—2022）	生态
90	生态文明标准体系编制指南 （DB3305/T 43—2018）	生态
91	生态文明标准化示范带建设指南 （DB3305/T 74—2018）	生态
92	县域野生动物资源调查技术规程 （DB330522/T 088—2021）	生态
93	国家公园标准体系构建导则 （DB3311/T 138—2020）	生态
94	国家公园生态环境状况监测导则 （DB3311/T 148—2020）	生态
95	生态产品价值核算指南 （DB3311/T 139—2020）	生态
96	国家公园生态廊道建设规范 （DB3311/T 200—2021）	生态
97	基于生态产品价值实现的金融创新指南 （DB3311/T 169—2021）	生态
98	特定地域单元生态产品价值评估技术规范 （DB3305/T 271—2023）	生态
99	项目级生态产品价值评估技术规范 （DB330483/T 114—2023）	生态
100	国家公园野生楠木保护技术规程 （DB3311/T 216—2022）	生态
101	饭店低碳评价规范 （DB33/T 2317—2021）	碳排放
102	绿色仓储综合能耗和二氧化碳排放等级划分 （DB33/T 2358—2021）	碳排放

序号	标准名称	领域
103	公共机构“零碳”管理与评价规范 （DB33/T 2515—2022）	碳排放
104	居民低碳出行碳减排量核算通则 （DB33/T 1312—2023）	碳排放
105	城市绿化碳汇造林计量与监测技术规程 （DB33/T 2416—2021）	碳排放
106	工业企业碳效综合评估与分级赋码规范 （DB33/T 1347—2023）	碳排放
107	工业企业碳效评价规范 （DB3305/T 208—2021）	碳排放
108	“碳中和”银行机构建设与管理规范 （DB3305/T 230—2022）	碳排放
109	商场低碳运行管理通则 （DB3305/T 294—2023）	碳排放
110	碳普惠　屋顶分布式光伏发电碳减排量核证规范 （DB3305/T 237—2022）	碳排放
111	碳普惠　纯电动汽车出行碳减排量核算规范 （DB3305/T 272—2023）	碳排放
112	银行信贷碳排放核算通则 （DB3305/T 247—2022）	碳排放
113	居民生活领域碳排放等级评定规范 （DB3306/T 052—2023）	碳排放
114	产品碳足迹评价技术规范　化纤面料 （DB3306/T 053—2023）	碳排放
115	工业企业碳账户碳排放核算与评价指南 （DB3308/T 095—2021）	碳排放
116	能源生产企业碳账户碳排放核算与评价指南 （DB3308/T 097—2023）	碳排放
117	建筑领域碳账户碳排放核算与评价指南 （DB3308/T 098—2021）	碳排放

序号	标准名称	领域
118	道路运输企业碳账户碳排放核算与评价指南（DB3308/T 099—2021）	碳排放
119	农业碳账户碳排放核算与评价指南（DB3308/T 100—2021）	碳排放
120	堆肥企业碳排放核算办法（DB3308/T 143—2023）	碳排放
121	设施种植业碳排放核算指南（DJG330521/T 93—2023）	碳排放
122	居民碳账户—生活垃圾资源回收碳减排工作规范（DB3308/ 102—2022）	碳排放
123	林业碳账户平台建设规范（DB3308/T 128—2022）	碳排放
124	装配式建筑建造阶段碳排放核算与评价指南（DB330803/T 019—2023）	碳排放
125	净零碳乡村建设规范（DB3309/T 94—2023）	碳排放
126	畜禽排泄物中磺胺类药物残留量的测定　液相色谱-串联质谱法（DB33/T 2481—2022）	环境监测
127	畜禽排泄物中喹诺酮类药物残留量的测定　液相色谱-串联质谱法（DB33/T 2482—2022）	环境监测
128	畜禽排泄物中钠、铁、铜、锰、锌、铅、铬、镉、砷、汞的测定　电感耦合等离子体质谱法（DB33/T 2527—2022）	环境监测
129	渔业环境中有机磷农药多组分残留量测定　气相色谱-串联质谱法（DB33/T 2410—2021）	环境监测
130	渔业环境中除草剂农药多组分残留量测定　气相色谱法-质谱法（DB33/T 2411—2021）	环境监测
131	渔业环境中拟除虫菊酯类农药多组分残留量测定　气相色谱-串联质谱法（DB33/T 2412—2021）	环境监测
132	钢制金属门行业清洁生产技术要求（DB33/T 861—2012）	清洁生产

序号	标准名称	领域
133	清洁生产审核技术要求（DB33/T 969—2015）	清洁生产
134	海洋渔船作业清洁生产技术规范（DB33/T 2537—2022）	清洁生产
135	美丽工厂建设与管理规范（DB330681/T 063—2020）	环境管理
136	安全生产和环境污染综合责任保险服务规范（DB3308/T 058—2019）	环境管理
137	畜禽养殖污染监督管理规范（DB330824/T 006—2018）	环境管理
138	船舶修造企业绿色工厂实施指南（DB3309/T 80—2020）	环境管理
139	预拌混凝土行业清洁生产管理规范（DB3310/T 89—2022）	环境管理
140	生态联勤警务站建设与管理规范（DB3305/T 276—2023）	环境管理
141	生态警长工作与管理规范（DB3305/T 277—2023）	环境管理
142	规模化生猪养殖场生态治理规程（DB3305/T 106—2019）	综合

附表 4

典型特色行业污染防治浙江实践——标准化文件

序号	文件名称	年份
1	浙江省电镀行业污染防治技术指南	2016
2	浙江省化工行业污染防治技术指南	2016
3	浙江省铅蓄电池行业污染防治技术指南	2016
4	浙江省印染行业污染防治技术指南	2016
5	浙江省造纸行业污染防治技术指南	2016
6	浙江省制革行业污染防治技术指南	2016
7	浙江省金属表面处理（电镀除外）行业污染整治提升技术规范	2018
8	浙江省有色金属行业污染整治提升技术规范	2018
9	浙江省农副食品加工行业污染整治提升技术规范	2018
10	浙江省砂洗行业污染整治提升技术规范	2018
11	浙江省氮肥行业污染整治提升技术规范	2018
12	浙江省废塑料行业污染整治提升技术规范	2018
13	农家乐、民宿餐饮污水隔油技术指南	2018
14	浙江省水泥行业超低排放评估监测技术指南	2020
15	浙江省纺织染整行业挥发性有机物污染防治可行技术指南	2020
16	浙江省工业涂装工序挥发性有机物污染防治可行技术指南	2020
17	浙江省合成革行业挥发性有机物污染防治可行技术指南	2020
18	浙江省化纤行业挥发性有机物污染防治可行技术指南	2020
19	浙江省精细化工行业挥发性有机物污染防治可行技术指南	2020
20	浙江省石化行业挥发性有机物污染防治可行技术指南	2020
21	浙江省塑料制品业挥发性有机物污染防治可行技术指南	2020
22	浙江省橡胶制品业挥发性有机物污染防治可行技术指南	2020
23	浙江省印刷行业挥发性有机物污染防治可行技术指南	2020

序号	文件名称	年份
24	浙江省制鞋行业挥发性有机物污染防治可行技术指南	2020
25	浙江省制药行业挥发性有机物污染防治可行技术指南	2020
26	浙江省分散吸附-集中再生活性炭法挥发性有机物治理体系建设技术指南（试行）	2021
27	浙江省挥发性有机物泄漏检测与修复数字化管理技术指南	2021
28	浙江省工业企业挥发性有机物治理旁路管理技术指南（试行）	2021
29	浙江省石化装置开停工（车）和检（维）修挥发性有机物污染防治可行技术指南（试行）	2021
30	浙江省挥发性有机物污染防治可行技术指南　油品、液体化工物料储存和运输	2021
31	浙江省挥发性有机物污染防治可行技术指南　玻璃制品	2021
32	浙江省挥发性有机物污染防治可行技术指南　船舶修造	2021
33	浙江省挥发性有机物污染防治可行技术指南　电子工业	2021
34	浙江省挥发性有机物污染防治可行技术指南　机电制造	2021
35	浙江省挥发性有机物污染防治可行技术指南　家具制造	2021
36	浙江省挥发性有机物污染防治可行技术指南　金属材料	2021
37	浙江省挥发性有机物污染防治可行技术指南　漆包线	2021
38	浙江省挥发性有机物污染防治可行技术指南　汽车维修	2021
39	浙江省挥发性有机物污染防治可行技术指南　汽摩配	2021
40	浙江省挥发性有机物污染防治可行技术指南　五金制造	2021
41	浙江省挥发性有机物污染防治可行技术指南　整车制造	2021
42	浙江省挥发性有机物污染防治可行技术指南　装备制造	2021
43	浙江省工业企业恶臭异味管控技术指南（试行）	2021
44	浙江省低挥发性有机物含量原辅材料源头替代技术指南　总则（试行）	2021
45	浙江省低挥发性有机物含量原辅材料源头替代技术指南　木质家具制造	2022
46	浙江省低挥发性有机物含量原辅材料源头替代技术指南　工程机械制造	2022

附表 5

浙江地方生态环境标准拟制修订清单

领域	序号	标准拟定名称
（一）碳达峰碳中和		
——碳排放管理标准	1	产品碳足迹评价指南
	2	产品碳足迹核算指南　纺织和服装
	3	固定污染源温室气体（CO_2）排放连续监测技术规范
	4	温室气体监测技术规范系列标准
——低碳建设和碳普惠标准	5	大型赛事活动绿色低碳运营指南
（二）污染防治攻坚		
——水生态环境标准	6	工业企业废水氮、磷污染物间接排放限值
	7	生态缓冲带划定与修复技术指南系列标准
	8	淡水水产养殖业水污染物排放标准
	9	制药工业水污染物排放标准
	10	农业面源污染调查和负荷核算技术导则
——海洋生态环境标准	11	海水养殖尾水排放标准
	12	海洋塑料回收可追溯技术规范
——大气环境标准	13	水泥工业大气污染物排放标准
	14	锅炉大气污染物排放标准
	15	汽车维修行业大气污染物排放标准
	16	纺织染整工业大气污染物排放标准（修订）
	17	大气污染物综合排放标准
	18	工业涂装工序大气污染物排放标准（修订）
	19	燃煤电厂大气污染物排放标准（修订）
	20	工业涂装工序大气污染防治技术规范

领域	序号	标准拟定名称
——大气环境标准	21	制药工业大气污染防治技术规范
	22	汽车维修行业大气污染防治技术规范
	23	分散吸附-集中再生活性炭法挥发性有机物治理体系建设技术指南
——固体废物管控标准	24	危险废物利用处置设施建设技术规范通则
	25	工厂“无废”管理与评价通则
	26	工业园区“无废”管理与评价通则
——土壤与地下水环境标准	27	畜禽养殖业污染物排放标准（修订）
	28	建设用地土壤污染风险管控和修复工程环境监理技术规范
	29	修复后土壤再利用环境风险评估技术导则系列标准
	30	建设用地土壤污染风险管控和修复工程系列标准
	31	石油化工企业土壤污染防治技术指南
	32	工业园区地下水污染风险管控技术导则
——噪声与振动环境标准	33	噪声排放控制系列标准
	34	噪声与振动污染防治技术系列规范
	35	噪声评价系列标准
——核与辐射环境保护标准	36	生物中放射性核素钋-210监测方法
	37	核事故应急洗消站建设技术规范
	38	气溶胶中总α、总β测量
	39	海水中Sr-90分析方法
	40	海水中剂量率在线连续性监测技术规范
	41	核电厂流出物监测系列标准
（三）生态保护修复		
——生物多样性保护标准	42	浙江省生物多样性体验地建设与评定导则
	43	生物多样性评价系列标准
——生态文明示范创建标准	44	浙江省生态文明建设复核评估技术导则
（四）生态风险防范		
——新污染物治理标准	45	环境样品中新污染物筛查技术规范

领域	序号	标准拟定名称
——突发环境事件应急标准	46	道路突发事故液态污染物应急收集系统技术规范
（五）生态环境监管		
——生态环境监测标准	47	固定污染源废气挥发性有机物监测规范
	48	环境空气气态污染物（SO_2、NO_2、NO、O_3、CO）传感器法自动监测系统技术要求及检测方法
	49	固定污染源废气氯气的测定　离子色谱法
	50	工业园区挥发性有机物传感器法网格化监测技术规范
	51	地表水走航监测技术规范
	52	重型柴油车排放远程监控数据评价要求
	53	车载移动式生态环境应急监测实验室建设与管理技术规范
	54	废气无组织排放甲烷、总烃和非甲烷总烃的测定　便携式气相色谱-氢火焰离子化检测器法
	55	水质　氯霉素类抗生素的测定　液相色谱-三重四极杆质谱法
	56	生态环境数据质量管理规范
	57	全氟化合物等新污染物的测定系列标准
	58	地下水自动监测技术规范
	59	蓝藻水华监测技术规范
	60	城市声环境功能区噪声自动监测站连续监测技术规范
	61	大气臭氧激光雷达监测系列标准
——生态环境数字化监管标准	62	生态环境数据资源目录体系规范
	63	生态环境数据系列标准
	64	生态环境物联网系列标准